全家爱吃的花式营养早餐

甘智荣 著

U0213807

新疆人民出版总社
新疆人民卫生出版社

图书在版编目（CIP）数据

全家爱吃的花式营养早餐 / 甘智荣著. -- 乌鲁木齐：
新疆人民卫生出版社，2016.11

ISBN 978-7-5372-6779-3

Ⅰ．①全… Ⅱ．①甘… Ⅲ．①食谱 Ⅳ.
① TS972.12

中国版本图书馆 CIP 数据核字 (2016) 第 277567 号

全家爱吃的花式营养早餐

QUANJIA AICHI DE HUASHI YINGYANG ZAOCAN

出版发行	新疆人民出版总社 新疆人民卫生出版社
责任编辑	贺 丽
策划编辑	深圳市金版文化发展股份有限公司
摄影摄像	深圳市金版文化发展股份有限公司
封面设计	深圳市金版文化发展股份有限公司
地　　址	新疆乌鲁木齐市龙泉街 196 号
电　　话	0991-2824446
邮　　编	830004
网　　址	http://www.xjpsp.com
印　　刷	深圳市雅佳图印刷有限公司
经　　销	全国新华书店
开　　本	173 毫米 ×243 毫米　　16 开
印　　张	15
字　　数	200 千字
版　　次	2017 年 8 月第 1 版
印　　次	2017 年 8 月第 1 次印刷
定　　价	39.80 元

PREFACE

早餐要吃好，午餐要吃饱，晚餐要吃少

早晨，当我们经过 8 个小时的睡眠后，

会感到特别精神，自然上午的工作、学习效率要比下午的高。

但是，许多人为了赶时间，就把早餐"省略"了。

不吃早餐，工作、学习的效率会下降。

我们的胃就好像一个能量仓库，

当胃里没有了食物，没有食物供给能量，

身体会出现各种能量供给不足的不良反应，

所以一起来烹制一天最主要的一餐吧。

Chapter 3 汤汤水水，暖胃暖身

Chapter 4　百变三明治，每天不重样

Chapter 5　花样面食，能量满满

Chapter 6　假日早餐，满足甜蜜

Chapter 7　　果汁豆浆，美味健康

早餐常用的
营养食材

了解食材

才能做出美味的早餐

本章节加入了各种元素

给你一早的美味

注入更多元素

五谷杂粮

GRAIN

杂粮养身自古就有，自己在家煲煮五谷粥，快行动起来，每天早上来一碗，奠定一家人的身体基础。

小米

小米也被称为"粟"，是一种粗粮，常食对胃有很好的养护作用。

大米

日常中最常吃的主食，可以制作饭团或米粥类，是多变且能快速补充能量的美味主食。

黑米

黑米是非糯性稻米，呈黑色且有一定的黏性，煲粥最为合适，香甜可口，且对女性非常好。

花生

红皮花生最补血，常会加入到米粥中一起煲煮，不仅能增加风味，还对身体好，是米粥的好伴侣。

玉米

玉米一直被誉为长寿食品，丰富的
营养素对身体非常好，是老少咸宜
的美味食材。

薏仁

薏仁是一种美容食品，常食可以保持
人体皮肤光泽细腻，还有很好的消肿
的效果，容易水肿的人士在煲粥时加
入，对身体有很好的调理效果。

荞麦

形状是可爱的三角形的粮食，最常
见是被磨成粉状再做成面条，是有
着悠久历史的主食。

面包

BREAD

面包是早餐最常吃的主食
之一，他们既能单吃或烤
制加工，也能与各食材搭
配一起制作，变化多样，
美味非凡。

牛角面包

油酥面制成的面包，香酥可口，即使不沾蘸料食用也很美味，偶尔也会当做三明治面包使用。

墨西哥薄饼

使用玉米粉搅拌烤制的薄面包，饼皮有嚼劲且带有面香，通常可以包卷蔬菜或其他肉类熟食。

吐司

制作三明治时常用的切片方形面包，是以小麦为原料烤制的面包，味道香浓柔软。吐司也分多种，如全麦吐司、牛奶吐司等。

全麦面包

面粉中混合全麦粉制作而成，在口感上略粗，但是香味更重。

法棍

外表坚硬、里面柔软且有嚼劲的面包，经常斜切成片，或挖去里面填馅进去食用。

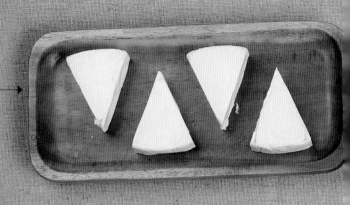

奶油芝士

风味多样且清爽的芝士，常与果酱、
三文鱼搭配，也可直接涂抹在面包
上食用。

芝士

CHEESE

芝士含有丰富的蛋白质与
热量，早餐是一天营养的
关键，适量来点芝士给自
己的身体注入能量吧。

帕玛森芝士

一种非常有名的芝士，味道偏咸香，
可研磨成粉状使用，也可以直接擦成
碎末食用，能很好地给食物增加风味。

马斯卡彭芝士

像奶油一般的软芝士，带着淡淡的奶味且口感清爽，常被用于制作甜点，是提拉米苏的必要芝士品种。

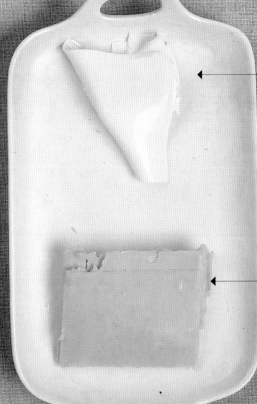

马苏里拉芝士

非常有历史感的一款芝士，没有很重的咸味，所以跟大多食材都非常搭配，但不失奶香味，是早餐常用芝士之一。

切达芝士

市面上最常用的芝士品种，味道鲜香，带着淡淡的奶味，是三明治或汉堡的首选搭配芝士。

蔬菜

VEGETABLES

蔬菜富含维生素与纤维素，还能缓解肉带来油腻感，是早餐必须摄入的食材之一。

红辣椒

含有很多健康元素的蔬菜，也是近几年沙拉界的"网红"食材，也可捣成泥制成酱料。

芝麻菜

外观像白萝卜的叶子，口感清脆，常用于沙拉或者三明治里夹的蔬菜，可直接食用，无需加热。

西红柿

能丰富三明治味道与颜色的蔬菜，多汁且酸甜可口，其营养丰富，是早餐常吃的蔬菜。

生菜

口感爽脆，有些微苦，水分充足且富含丰富的维生素，是沙拉、拌菜的首选食材。

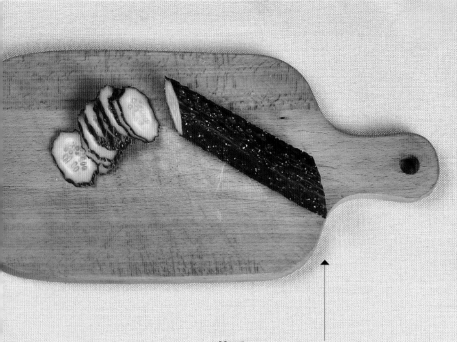

黄瓜

带有独特的清新口感，爽脆多汁的
它与大部分的肉类都非常搭。

高丽菜

怕食用油炸食物后产生油腻感
的话，一定要配上高丽菜丝，
可以很好地消除油腻感，且减
少油炸食物带给身体的负担。

洋葱

洋葱和许多食材都很搭配，如肉类、鱼类、油炸类等，
可以很好地去除腥味，并且能丰富色彩。

鸡胸肉

低脂肪高蛋白，作为增肌降脂时期的常用食材，是健身人士的首选食材。

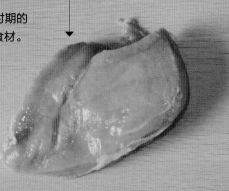

培根

是一种美式冷熏猪肉，食用前需要煎熟，味道咸香可口，是早餐常被使用的肉类。

肉类

肉是蛋白质的主要来源，早餐摄入适量的优质蛋白，能更好地补充一天的元气。

火腿片

属于肉类加工品，常用于夹在三明治内，冷热都非常美味。

猪梅肉

位置在肩胛骨的中心。这个部位有肥有瘦，味道鲜美，适合用来炸猪排或煎熟配以蔬菜，适合爱肉人士的早餐。

牛肉

常用的是牛排或牛肩肉，选择脂肪分布较均匀的部位煎制后配上爽脆的蔬菜，就是一顿完美的早餐。

鸡腿肉

鸡腿肉肉质细嫩，滋味鲜美，与鸡胸肉不同的是，鸡腿肉多汁鲜嫩，做法多样，老少咸宜。

莎莎酱

酱汁酸甜可口，能很好地缓解油腻感，跟很多食物搭配都很契合。

焦糖草莓酱

松饼的绝佳伴侣，或是搭配法式吐司，美味的果酱中有着焦糖的香甜，有种成人甜点的滋味。

酱汁

好吃的酱汁是美味的关键，如果说食物给了美食生命，那么酱汁一定是美食的灵魂，赋予了升华的效果。

巧克力酱

此酱汁做法简单，老少咸宜，做一大罐装着，怎么搭配都好吃。

青酱

起于意大利的美味酱汁，搭配意面或面包都非常美味。

芝士酱

芝士就是力量，浓郁的奶香给美食带来全新的活力。

海盐焦糖酱

一款有着地中海风情的美味酱汁，搭配甜点一起，会让甜点美味升级。

白酱

也是一款起于意大利的酱，味道浓厚且咸香可口，经常被用来与意面一起烹制。

海盐焦糖酱

材料：细砂糖 150 克，奶油 100 克，海盐 3 克，
黄油 8 克

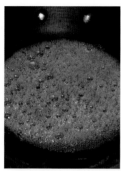

①平底锅倒入细砂糖，淋 ②煮至完全融化变成焦 ③加入海盐，充分拌匀， ④边倒边搅拌至完全均
入少许清水，小火加热。 黄色，放入黄油。 慢慢倒入奶油。 匀即可。

青酱

材料：橄榄油 50 毫升，蒜瓣 10 克，鲜罗勒叶 20 克，
松子 15 克，盐适量

①橄榄油倒入锅中加热， ②加入盐，倒入松子，拌 ③炒好的蒜油倒入碗中， ④启动搅拌棒，打碎拌匀
倒入蒜瓣，煎至半透明。 匀后盛出放凉片刻。 再倒入鲜罗勒叶。 即可。

焦糖草莓酱

材料：细砂糖 100 克，草莓 40 克，柠檬 40 克

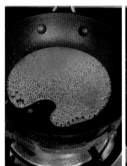   

①细砂糖倒入锅中，淋入清水，小火加热。　②煮至完全融化变成焦黄色。　③倒入切成小块的草莓，转小火煎软。　④擦入少许柠檬皮，再挤入柠檬汁，拌匀即可。

白酱

材料：黄油 10 克，面粉 15 克，牛奶 150 毫升，
芝士碎 100 克，蛋黄 1 个

①黄油倒入锅中加热，倒入面粉炒熟。　②倒入牛奶，边倒边搅拌至均匀。　③放入芝士，搅拌呈半浓稠状。　④转小火，倒入蛋黄，充分拌匀至丝带状。

Chapter

2

五谷美味，
吃出健康好体质

稻谷、麦子、大豆、玉米、薯类

同时也习惯地将米和面粉以外的粮食称作杂粮

而五谷杂粮也泛指粮食作物

自古就有"杂粮养身补气"一说

用五谷做的早餐

更是美味健康两不误

咸粥

—— 01 ——

滑蛋牛肉粥

2人份

慢火老粥

配上鲜嫩牛肉

给你一个香滑的早晨

原料　大米 100 克，牛肉 50 克，鸡蛋 1 个

 调料　胡椒粉、盐、水淀粉、嫩肉粉、生抽各适量

制作步骤

1 大米洗净后用水浸泡 30 分钟，捞出装入锅中，注入适量清水，盖过锅盖，大火煮开后转小火煮 30 分钟。

2 洗净的牛里脊切薄片，装入碗中，加生抽、胡椒粉、盐、水淀粉、嫩肉粉腌渍 10 分钟。

3 鸡蛋打散成蛋液，待用。

4 揭开锅盖，往粥里倒入腌渍好的牛肉，略微搅拌至转色。

5 再缓缓倒入蛋液。

6 顺时针慢慢搅开即可。

牛肉最好不要切得太厚，薄片肉肉不仅能更好入味，煮后也会更加鲜嫩。

02

瘦肉猪肝粥

1 人份

经典的粥品
简单好做
却不缺其内涵
给你一份暖心的早餐

 原料

瘦肉 30 克，大米 50 克，猪肝 20 克，水发香菇 10 克，姜丝、葱花各少许

 调料

盐 6 克，鸡粉 4 克，料酒适量

制作步骤

1 将洗净的瘦肉切碎，剁成肉末。

2 猪肝切成薄片，水发好的香菇切片。

3 猪肝、瘦肉装入碗中，加料酒、鸡粉、盐，拌匀腌渍 10 分钟。

4 将大米盛入锅中，再加入适量清水。

5 盖上锅盖，大火煮开转小火煮 40 分钟。

6 揭开锅盖，倒入香菇、瘦肉、猪肝，搅拌匀。

7 略微再煮 10 分钟，至食材熟透。

8 煮好的粥盛出装入碗中，撒上葱花、姜丝即可。

 原料

燕麦片 170 克，芹菜碎 60 克，鲜鱼肉 90 克，
姜丝少许

 调料

盐 2 克

03

鲜鱼麦片粥

3 人份

燕麦与鱼肉
一次全新的搭配
鲜美之余
更给予身体健康的能量

制作步骤

1 锅中注入适量清水，大火烧开。

2 倒入备好的燕麦片，搅拌匀，大火煮 2 分钟。

3 再倒入鲜鱼肉、姜丝，搅拌匀，略煮片刻。

4 倒入备好的芹菜碎，搅拌匀。

5 加入盐，搅匀调味。

6 将煮好的粥盛出，装入碗中即可。

04

板栗牛肉粥

2 人份

甜甜糯糯的板栗

鲜美的牛肉

双份的甜美

轻松搞定完美早餐

原料 水发大米 120 克，板栗肉 70 克，牛肉片 60 克

调料 盐 2 克，鸡粉少许

  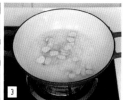 

制作步骤

1 板栗切成片，牛肉片切成碎，待用。

2 锅中注入适量清水烧热，倒入洗净的大米，搅匀，盖上盖，
  大火烧开后用小火煮约 15 分钟。

3 揭盖，再倒入洗好的板栗，拌匀，再盖上盖，用中小火
  煮约 20 分钟，至板栗熟软。

4 揭盖，倒入备好的牛肉碎，拌匀。

5 加入少许盐、鸡粉，搅拌匀，用大火略煮，至肉片熟透。

6 关火后盛出煮好的粥，装入碗中即成。

①切好的牛肉还可以加入适量
调味料腌渍片刻，煮好的粥会
更鲜美。
②要是给小孩食用，板栗要煮
得更软糯，会更方便食用。

05

海带豆腐菌菇粥

2 人份

越是平凡的食材
越蕴含强大的美味
食材看似简单
却创造了不简单的美味

原料

海带 120 克，平菇 30 克，鲜香菇 40 克，豆腐 90 克，水发大米 170 克，姜丝、葱花各少许

调料

盐 3 克，鸡粉 2 克，胡椒粉少许，芝麻油 3 毫升

制作步骤

1　将洗净的豆腐切厚块，改切成丁。

2　把洗好的平菇切成小块。

3　洗净的香菇、海带切成小块。

4　砂锅中注入适量清水烧开，倒入洗净的大米，拌匀。

5　盖上盖，用小火煮 30 分钟至大米熟软。

6　揭盖，下入少许姜丝，倒入豆腐丁，拌匀。

7　放入香菇、平菇、海带，搅拌匀。

8　加入适量盐、鸡粉，拌匀。

9　再加入胡椒粉、芝麻油。

10　用锅勺拌匀，煮约 5 分钟，撒上葱花即可。

豆腐香菇粥

3 人份

清爽的食材
配上香滑的米粥
一口口
都是温暖的滋味

原料

鲜香菇 70 克，豆腐 200 克，
水发大米 180 克，葱花少许

调料

盐、鸡粉各 2 克，食用油适量

制作步骤

1　将洗净的香菇切成片，再改切成丁。

2　洗好的豆腐切成长条，再改切成小方块。

3　砂锅中注入适量清水烧开，倒入洗好的大米，搅拌匀。

4　盖上盖子，转小火煮 30 分钟至大米熟软。

5　揭开盖子，倒入切好的豆腐，拌匀。

6　下入香菇粒，拌匀。

7　盖上锅盖，用小火煮 5 分钟至食材熟透。

8　揭盖，加入适量盐、鸡粉、食用油。

9　用锅勺搅拌均匀。

10　把煮好的粥盛入大碗中，撒上备好的葱花即可。

07

胡萝卜蛋黄粥

3 人份

做一款老少咸宜的粥
并不难
但是色香味营养皆俱
只有此粥能做到

（原料）

水发大米 150 克，胡萝卜 80 克，鸡蛋 1 个，葱花少许

（调料）

盐 3 克，鸡粉少许

制作步骤

1　去皮洗净的胡萝卜切厚片，切成长条，改切成丁。

2　鸡蛋打开，取蛋黄装入碗中备用。

3　砂锅中注入适量清水烧开，倒入洗净的大米，拌匀，煮沸。

4　盖上盖，用小火煮 30 分钟至大米熟透。

5　揭盖，倒入胡萝卜丁，用锅勺搅拌匀。

6　盖上盖，用小火煮约 5 分钟。

7　揭盖，放入适量盐、鸡粉，拌匀调味。

8　一边倒入蛋黄一边用锅勺搅拌。

9　将粥煮沸，盛入汤碗中，撒上葱花即可。

 原料

西红柿 130 克，花菜 150 克，水发大米 170 克，
葱花少许

调料

盐 3 克，鸡粉 2 克，芝麻油 2 毫升，食用油适量

08

西红柿花菜粥

3 人份

酸甜的西红柿
注入到早餐内
给一天的肠胃
最棒的动力

制作步骤

1　把洗净的花菜切成小朵。

2　洗净的西红柿对半切开，再切成小瓣。

3　砂锅中注入约 800 毫升清水，烧开。

4　倒入洗净的大米，轻轻搅匀。

5　放入少许食用油，搅拌几下。

6　盖上盖子，大火烧开后转小火煮约 30 分钟至米粒熟软。

7　揭开盖，倒入切好的花菜，拌煮片刻。

8　再倒入切好的西红柿，搅动一下，盖好盖子，用小火续煮约 10 分钟。

9　揭开盖，放入适量盐、鸡粉，淋入少许芝麻油，拌匀至入味。

09

淡菜瘦肉粥

2 人份

这道粥品做法简单
但是味道却出奇的鲜美
简单美味
是早餐最棒的选择

原料	水发淡菜 100 克, 水发大米 200 克, 瘦肉末 50 克, 姜片、葱花各少许
调料	盐 2 克, 胡椒粉 2 克, 料酒 5 毫升

制作步骤

1 洗净去皮的生姜切成细丝。

2 瘦肉末装入碗中, 加料酒、盐、胡椒粉, 拌匀腌渍 10 分钟。

3 大米洗净, 浸泡 20 分钟, 倒入锅中, 注入适量清水, 拌匀。

4 盖上盖, 大火煮开后转小火续煮 20 分钟。

5 揭开盖, 倒入姜丝、瘦肉末、水发淡菜, 搅拌匀。

6 盖上盖, 再续煮 10 分钟, 揭开盖搅拌片刻, 撒上葱花即可。

淡菜最好用温水泡发开, 泡发用的温水也可加入到粥里, 味道会更加鲜美, 能使米粒充分吸收淡菜的鲜美。

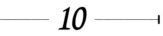

— *10* —
熏鸭生菜粥

1 人份

熏鸭的香气
配上香糯的大米
搭配出不一样的美味

原料　熏鸭肉 20 克，生菜 30 克，大米 80 克

 调料　盐 2 克，鸡粉 2 克

制作步骤

1　备好的熏鸭肉去骨，将肉切碎。

2　洗净的生菜切成细丝。

3　砂锅中注入清水大火烧热，倒入泡发好的大米，搅拌片刻。

4　盖上锅盖，煮开转小火 30 分钟至熟软，揭开盖，加入熏鸭肉。

5　再倒入生菜，搅拌略煮片刻。

6　再加入盐、鸡粉，拌匀调味即可。

TIPS

喜欢生菜爽脆口感的，可以在调味后再放入生菜，能让生菜的纤维没那么软化，更爽口。

11

海米丝瓜粥

2 人份

鲜香的海米
衬托出丝瓜的甜软

原料

丝瓜 50 克，粳米 70 克，海米 5 克，姜丝、葱花各适量

调料

盐、料酒各适量

制作步骤

1 将粳米洗净，放入砂锅中，加适量水，先煮开后转小火熬制 30 分钟。

2 将海米用热水漂洗浸泡，水中可加入 1 勺料酒去腥。

3 将丝瓜洗净去皮，切成滚刀块。

4 将白粥熬制到八成熟，放入泡过的海米，加入姜丝。

5 放入丝瓜块、海米、姜丝及少量盐，搅拌调味。

6 再续煮 5 分钟后撒入葱花即可。

12

蔬菜海鲜粥

2 人份

Q 弹的虾仁
含有优质的蛋白质
这些因素能给人体最好的活力
也是早餐最好的选择

原料

鲜虾 30 克，芹菜 40 克，大米 70 克

调料

盐 3 克，料酒 4 毫升，胡椒粉适量

制作步骤

1 洗净的鲜虾去壳，切成小粒，装入碗中，加入胡椒粉、料酒，拌匀腌渍片刻。

2 洗净的芹菜摘去全部的叶子，再切成小粒。

3 大米洗净，浸泡在清水中 30 分钟。

4 大米倒入锅中，注入适量清水。

5 盖上盖，大火煮开转小火煮 40 分钟。

6 揭开盖，放入虾仁、芹菜、盐，搅拌匀。

7 用小火再稍煮片刻至食材熟透即可。

13

生滚粥

2 人份

这道粥对于广州人再熟悉不过了
软滑的白粥加入鲜美的食材
给予自己早晨最好的享受

| 原料 | 生菜 50 克，鱼片 50 克，水发大米 100 克，葱花 3 克，姜片适量 |

| 调料 | 盐 2 克，鸡粉 2 克，食用油适量 |

   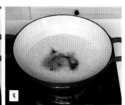

制作步骤

1 择洗好的生菜切成丝，待用。

2 鱼片装入碗中，放入盐、姜片、鸡粉，再注入食用油，拌匀，腌渍半小时。

3 砂锅注水，倒入洗净的大米，盖上盖，煮开后转中火煮 40 分钟。

4 关火，揭开盖后倒入鱼片，搅拌匀。

5 再加盖，焖 5 分钟后再加入生菜丝，搅拌匀。

6 再加葱花，搅拌片刻即可。

TIPS

河鱼含刺都比较多，所以选用海鱼为最佳，不仅没刺，方便进食，而且味道也更加鲜美。

14
芋头咸肉粥

2 人份

香滑的芋头
经过咸肉的洗礼
香滑可口
美味更是翻倍

原料

咸肉 90 克，香芋 270 克，大米 110 克，葱花
少许

调料

鸡粉适量

制作步骤

1　将咸肉和香芋放在案板上切碎。

2　在砂锅中加入一些清水煮开。

3　将淘洗好的大米和切好的咸肉下入沸水中煮开。

4　接着盖上盖，用中小火烧煮 15 分钟后关火。

5　放入切好的香芋翻动一下煮开，至香芋熟软。

6　加适量的鸡粉搅匀。

7　撒上葱花即可。

15

雪菜肉末粥

2 人份

咸粥是早餐最佳选择
不需要多余的小菜
一碗菜粥就能把自己吃得饱饱的

(原料)

大米 110 克，燕麦 50 克，雪菜 100 克，牛肉末
50 克，葱花、姜末各少许

(调料)

酱油、白糖各少许，食用油、鸡粉各适量

制作步骤

1 大米、燕麦各自泡好，雪菜切段。

2 炒锅烧热加入少许底油，炒牛肉末至变色。

3 爆香葱、姜，再加入酱油、白糖、雪菜，炒入味。

4 铝锅中加入大米、燕麦、清水，煮沸转小火煮 1 小时。

5 再下入炒好的雪菜牛肉末搅匀，至粥黏稠即可。

16

生蚝暖胃粥

4 人份

生蚝被称为"海中的牛奶"
其鲜美的滋味搭配上香浓的米粥
味道更是不同凡响
快煮一碗粥温暖自己吧

原料

生蚝 70 克，大米 200 克，姜、
葱各少许

调料

盐、白胡椒粉各适量

制作步骤

1 新鲜生蚝去壳，蚝肉洗净，改刀斜切 2~3 块。

2 放入沸水焯烫一下，捞出备用。

3 姜去皮，切丝；香葱切碎。

4 砂锅注水烧开，倒入洗净的大米，将其煮成浓稠的
  白粥。

5 倒入生蚝肉，搅拌片刻。

6 加少许盐、白胡椒粉、姜丝，搅匀，煮 2~3 分钟。

7 装碗，撒上适量葱花即可。

甜粥

01

八宝粥

2 人份

八宝粥对于很多人来说
是儿时最好的回忆
每一口都是香浓

原料

粳米、燕麦米、黑米、红豆、
玉米片、花生、燕麦片、糙
米各适量

制作步骤

1 将所有食材装入碗中，注入适量清水泡发 20 分钟。

2 待时间到，将水滤干净，装入碗中待用。

3 砂锅中注入适量清水。

4 倒入泡发好的食材，搅匀。

5 盖上锅盖，大火烧开转小火煮 20 分钟。

6 掀开锅盖，持续搅拌片刻。

7 盖上锅盖，再续煮 20 分钟至食材熟透。

8 掀开锅盖，将煮好的粥盛出装入碗中即可。

02

黑米粥

2 人份

黑米虽然长的很黑暗
但是味道却香糯可口
用它熬粥美味又健康

（原料） 黑米 100 克，糯米 40 克

（调料） 白糖 25 克

制作步骤

1 洗净的黑米、糯米浸泡在清水中浸泡 30 分钟。

2 将洗好的黑米、糯米倒入锅中，注入适量清水。

3 盖上锅盖，大火煮开后转中火煮 40 分钟。

4 揭开锅盖，倒入备好的白糖。

5 搅拌至完全融化入味。

6 将煮好的粥盛出，装入碗中即可。

TIPS

糯米、黑米都是比较吸水的谷类，所以烹制时要注意水量，而且在烹煮前浸泡时间也可以比一般大米久一点，味道会更软糯。

03

牛奶芋头粥

2 人份

温温润润的牛奶
搭配香糯的芋头
不仅饱腹
更是营养满满

原料 芋头 30 克，大米 70 克，牛奶 1 瓶

 调料 冰糖 10 克

制作步骤

1 洗净去皮的芋头切成小块。

2 大米洗净，在清水浸泡 1 小时。

3 锅中注入适量的清水，放入大米、芋头。

4 盖上锅盖，煮开后转小火煮 40 分钟。

5 揭盖，转小火后倒入牛奶，略煮片刻。

6 再放入冰糖，搅拌至融化即可。

TIPS

牛奶不宜用大火煮，不仅会破坏牛奶中的蛋白质，还会使牛奶失去奶香，所以倒入牛奶前一定要转小火焖煮，这样既美味还健康。

04

花生米核桃粥

2 人份

美味的坚果含有丰富的坚果油
与大米煲煮
香浓可口
作为早餐再美妙不过

 原料

核桃 3 颗，花生米 20 粒，燕麦 50 克，红枣 5 颗，
糯米 100 克

 调料

冰糖 1 颗

制作步骤

1 将核桃剥开，取出果仁备用；糯米、花生米、燕麦、红枣洗净备用。

2 糯米最好头一天浸泡，这样煮出的粥浓稠。将糯米放进砂锅中。

3 放入洗净的燕麦。

4 放入洗净的花生米。

5 剥好的核桃仁直接放进砂锅里。

6 加入一颗冰糖。不喜欢冰糖可以不放，准备些小菜一起配着吃，也
   不错的哦！

7 放洗净的红枣入锅，最后倒进适量的水即可。喜欢浓稠的粥就
   少放水。

05

绿豆莲子粥

2 人份

夏日炎热
一觉起来更是烦躁
一碗清爽的绿豆粥
带走暑热与烦闷

原料

绿豆 40 克，大米 100 克，莲子 50 克

调料

冰糖 1 颗

制作步骤

1 将绿豆洗净沥水备用。

2 大米洗净备用。

3 将洗好的绿豆和大米倒入炖锅内。

4 倒入适量的开水。

5 将洗好的莲子倒入锅内。

6 再加入冰糖。

7 盖上盖，大火炖 1 小时 30 分钟即可。

06

香甜金银米粥

3 人份

金黄的小米养胃

雪白的大米补气

两者一起混合

健康又美味

原料

大米 60 克，糯米 50 克，小米 50 克

制作步骤

1 把大米、糯米和小米混合，冲洗干净后倒入砂锅。

2 加入约米 10 倍量的清水。

3 点火，用大火煮开。

4 煮开后关小火，盖上锅盖煮半小时至 1 小时即可。

07

香糯绿豆粥

2 人份

小米养胃
配上下火的绿豆
更是美味健康
是一道夏季的美味

 原料

小米 100 克，绿豆 30 克

 调料

白糖适量

制作步骤

1　准备好小米和绿豆。

2　一起淘洗干净。

3　锅里放水，放入小米、绿豆。

4　大火烧开后转小火熬制。

5　煮 30 分钟，加入少许白糖，搅拌匀。

6　盛入碗中，即可享用。

08

红薯甜粥

4人份

红薯的甜糯

大米的香浓

煮制一碗香甜的粥

最适合早餐食用了

| 原料 | 红薯 80 克，水发糯米 150 克 |

| 调料 | 白糖适量 |

制作步骤

1 洗净去皮的红薯切厚片，切条，再切丁，备用。

2 锅中注入适量清水大火烧开，加入备好的糯米、红薯，
   搅拌一会儿煮至沸。

3 盖上锅盖，用小火煮 40 分钟至食材熟软。

4 掀开锅盖，加入少许白糖。

5 搅拌片刻至白糖融化，使食材更入味。

6 关火，将煮好的粥盛出装入碗中即可。

红薯不要切太大块，会比较难
煮熟。而且红薯本身就甜甜糯
糯的，所以在加糖时可根据自
己的喜好来添加。

09

杂粮甜粥

2人份

随着现代人越来越注重养生
对于杂粮也越来越热衷
既美味又健康
是养生人士早餐的理想选择

原料	小米、黑米、薏米、玉米片、玉米渣、白芸豆、荞麦、芝麻、豇豆、高粱米、大黄米、黑木耳、西米各适量
调料	白糖适量

制作步骤

1　将所有食材倒入碗中，注入适量清水，略微浸泡。

2　用手反复搓洗食材，将食材洗净。

3　将洗净的食材滤出装入碗中，再注水浸泡 30 分钟。

4　再把食材倒入锅中，注入适量清水。

5　盖上锅盖，大火煮开后转小火续煮 40 分钟。

6　揭开盖，倒入备好的白糖，搅拌至完全融化入味即可。

TIPS

五谷的食材最好事先用清水泡发，会更易煮，味道也会更香甜。要是想节省时间，也可选择用热水泡发，可缩短泡发时间。

10

小米玉米粥

4 人份

都说小米养胃
早餐食用小米粥
不仅有饱腹的幸福感
还带来健康的身体

原料

玉米碎 80 克，小米 150 克

调料

冰糖适量

制作步骤

1 将小米和玉米碎淘洗干净。

2 将小米和玉米碎放锅内。

3 锅中加水，放炉上开大火煮。

4 煮至熟透，营养的小米玉米粥出锅了。

5 按自己的喜好加入冰糖即可。

11

红豆黑米粥

2 人份

别看这道粥颜色深沉
但是红豆与黑米一起
香糯的滋味
你吃了就知道

（原料）

黑米 100 克，红豆 50 克

（调料）

冰糖 20 克

制作步骤

1 砂锅中注入适量清水烧开。

2 倒入洗净的红豆和黑米，搅散、拌匀。

3 盖上盖，烧开后转小火煮约 65 分钟，至食材
  熟软。

4 揭盖，加入冰糖，搅拌匀，用中火煮至化。

5 关火后盛出煮好的黑米粥，装在碗中即可。

12
香糯南瓜粥

2 人份

南瓜含有丰富的纤维素
而且滋味香甜
当早餐食用再美妙不过了

| 原料 | 大米 100 克，南瓜 150 克 |

| 调料 | 盐少许 |

制作步骤

1 大米提前用水浸泡。

2 南瓜洗净去皮，再切成小块。

3 南瓜装入碗中，放入蒸锅蒸熟。

4 蒸熟的南瓜放凉，用勺子捣碎成泥。

5 砂锅注水烧开，倒入大米，盖上盖焖煮
   30 分钟。

6 最后 5 分钟加入南瓜泥和盐，搅拌匀即可。

蒸南瓜时可以加入少许白糖，
会使蒸好的南瓜更美味可口，
放入粥后也会使粥更美味。

13

水果什锦粥

2 人份

爽口的水果
配上香糯的大米
一场全新的搭配
给你一个全新的早餐

原料

糯米 50 克，大米 50 克，甜瓜 30 克，葡萄 30 克

制作步骤

1 大米和糯米洗净，一次性加足水泡发。

2 砂锅中注水烧开，倒入泡发好的大米、糯米。

3 盖上锅盖，煮开后转小火煮 40 分钟至熟，盛出放凉。

4 把水果洗净切丁。

5 把水果放粥里即可。

原料

水发粳米 100 克，核桃仁 20 克

调料

冰糖适量

14

坚果粥

2 人份

坚果油的香醇
满足饥饿了一晚的脏腑
香香甜甜的
给自己一天的好心情

制作步骤

1　砂锅中注入适量清水烧开。

2　倒入备好的粳米，放入核桃仁，拌匀。

3　盖上盖，大火烧开后转用小火煮约 60 分钟，至
　　食材熟透。

4　揭盖，加入少许冰糖。

5　搅拌匀，用中火略煮，至糖分溶化。

6　关火后盛出煮好的核桃粥，装在碗中即可。

15

香糯玉米粥

3人份

明媚的早晨
一碗香香糯糯的玉米粥
不仅是香甜的滋味
还有心理的满足

原料　玉米粒 100 克，水发糯米 70 克

 调料　白糖适量

制作步骤

1　锅中注入清水烧开，倒入糯米。

2　再加入玉米粒，略微搅拌。

3　盖上锅盖，大火煮开后转小火续煮 40 分钟。

4　揭开锅盖，放入适量白糖，搅拌至完全融化，盛
　　出装入碗中即可。

很多人觉得糯米较难消化，其
实不然，糯米煮得绵软会非常
美味，也不会造成消化困难，
还能延长饱腹感，是早餐的好
选择。

Chapter

3

汤汤水水，
暖胃暖身

俗话说的好，一年之计在于春，一日之计在于晨。
干渴了一晚上的身体，急需要补充水分，
所以早上一碗美味汤水，快速滋润干涸的身体，
更是美容养颜，让你皮肤水当当！

01

豆腐味噌汤

2 人份

发酵创造出的神奇调味酱
不仅仅是对身体好
每天早上一碗味噌汤
给健康打上满分

原料　白味噌1大勺，豆腐50克，大葱20克，海带40克，
高汤、葱花各适量

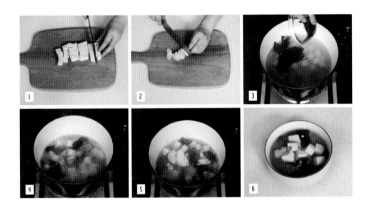

制作步骤

1　豆腐切成小块。

2　大葱斜刀切片。

3　高汤倒入锅中煮开，倒入豆腐与泡发好的
　　海带。

4　放入大葱，搅拌匀。

5　加入味噌，搅匀搅散，将食材煮熟。

6　盛出装入碗中，撒上葱花即可。

①水开后关火放入味噌，可充
分让水温融化酱料，不至于成
块状。

②味噌已经很咸，不需再加盐。

蛤蜊冬瓜汤

02

2 人份

一碗鲜美的蛤蜊汤
最能给肠胃带来温暖
用鲜美的汤品
开启美好的一天吧

原料

蛤蜊 100 克，冬瓜 50 克，姜丝适量

调料

盐、料酒各适量

制作步骤

1 冬瓜洗净去皮，切成薄片。

2 热锅注水烧开，放入冬瓜，大火煮沸。

3 加入蛤蜊，淋入少许料酒，加盖，煮 3
   分钟。

4 揭开盖，加入少许盐，搅拌匀即可。

 原料

牛肉 20 克，西红柿 80 克，甜菜 20 克，西芹 20 克，
洋葱 30 克

调料

番茄酱 15 克，盐 4 克，黄油适量

03

罗宋汤

2 人份

来自甜菜汤的演变
酸甜美味
总是让人欲罢不能

制作步骤

1 西红柿洗净，划上十字刀。

2 锅内加入清水烧至起泡，将西红柿放入热水中焯烫一下，
   然后捞起去皮，再切成丁。

3 西芹切丁，洋葱切粒，牛肉洗净切成丁，甜菜切丝。

4 锅内加入黄油烧热，加入洋葱和蒜片炒出香味。

5 再加入番茄酱，再以中火煮开，转小火煮至牛肉软烂。

6 加入盐调味，拌匀即可出锅。

04
西红柿疙瘩汤

2 人份

酸甜的西红柿
跟任何面食都显得那么搭
吃进嘴里
带给味觉满满的惊喜

原料	西红柿 100 克，洋葱 30 克，面粉 80 克，干罗勒叶、芝士碎各少许
调料	食用油适量

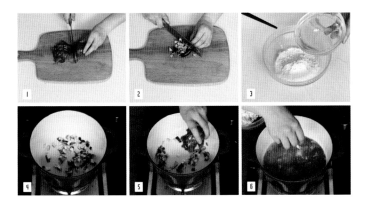

制作步骤

1 洗净的西红柿切成小块。

2 洋葱清洗干净，再切碎。

3 面粉中缓慢加入 50 毫升温开水，用筷子搅拌，形成小疙瘩。

4 热锅注油烧热，倒入洋葱，炒透明。

5 加入西红柿，将其炒软，倒入少许清水，将西红柿炖烂。

6 加入面疙瘩，搅拌煮熟，慢慢搅拌使其不粘连后续煮至熟。

7 将煮好的疙瘩汤盛出，撒上干罗勒、芝士即可。

TIPS

①搅疙瘩时，注意一定要把水开到最小，呈水滴状态，然后快速搅拌。

②锅开后下面疙瘩时不要一下子把一碗面疙瘩都倒到锅里，要用筷子一点点倒入锅中，用勺子搅散。

05

玉米浓汤

2 人份

浓滑美味
配上香脆的面包
幸福不止一点点

原料

甜玉米粒 100 克，淡奶油 50 克，面粉少许，高汤适量

调料

盐、黄油各适量

制作步骤

1 黄油倒入锅中炒滑，倒入玉米粒，翻炒至熟透。

2 将炒好的玉米倒入榨汁机内，打成玉米浆。

3 黄油加入炒锅加热，加入少许面粉，翻炒熟。

4 倒入玉米浆，搅拌加热至沸。

5 再倒入淡奶油，搅拌匀。

6 加入少许盐，搅拌匀即可。

（原料）

鳕鱼 50 克，海带 30 克，大葱 20 克，高汤适量

（调料）

味淋、盐各适量

06

海味味噌汤

2 人份

一碗简单的汤
却满口大海的鲜味
感受来自自然的馈赠

制作步骤

1 鳕鱼洗净切成丁。

2 味淋内加入少许温水，调和匀。

3 高汤倒入锅内煮开，加入大葱、海带、鳕鱼丁，拌匀。

4 放入味淋，搅拌匀煮沸。

5 加入盐，搅拌匀即可。

07

胡辣汤

2 人份

对于很多人来说
一天是从胡辣汤开始
鲜香美味
给你带来一整天的元气

 原料

猪里脊 40 克，面粉、红薯粉
各 100 克，海带 50 克，花生
米、姜、葱、八角、桂皮、干
辣椒、大葱各少许，高汤适量

调料

香醋、生抽各 3 毫升，鸡粉、
盐、胡椒粉、芝麻、食用油
各适量

制作步骤

1 高汤倒入锅中，加入姜、葱、八角、桂皮。

2 放入猪肉煮 30 分钟，再捞出切成片。

3 红薯粉内加入热水，泡软；海带切成丝。

4 面粉加入适量清水，搅拌成面团拌至上筋。

5 再将少许清水加入面团，将面团洗成面筋后取出。

6 热锅注油烧热，放入干辣椒、大葱、肉片翻炒。

7 加入高汤，将面筋揪成小片放入煮沸。

8 再放入红薯粉、海带丝，煮约 10 分钟。

9 倒入剩余的面筋水，加入生抽、鸡粉、盐、胡椒粉。

10 关火，加入香醋、芝麻即可。

08

紫菜蛋丝汤

2人份

紫菜鸡蛋再配上葱花
香而不腻，淡而不寡
清澈透亮又美味
上饭桌不丢份

原料

鸡蛋 50 克，紫菜 30 克，葱花少许

调料

盐、鸡粉、芝麻油、食用油各适量

制作步骤

1 鸡蛋打入碗中，加入盐，搅拌匀。

2 煎锅注油烧热，倒入蛋液，煎成蛋皮。

3 煎好的蛋皮放凉后，切成丝。

4 热锅注水烧开，放入紫菜、蛋丝。

5 搅拌片刻，加入盐、鸡粉，搅匀调味。

6 将煮好的汤盛出，撒上葱花、芝麻油即可。

09
鸭血粉丝汤

2 人份

清爽的鸭汤
暖暖的滋味
仿佛将太阳装入身体
温暖一个冬天

原料 鸭血 50 克，鸡毛菜 100 克，鸭胗 30 克，粉丝 70 克，高汤、八角各适量

调料 鸡粉 2 克，胡椒粉、料酒、盐各适量

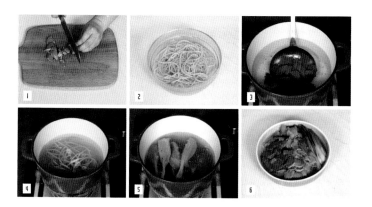

制作步骤

1. 锅中注水烧开，放入盐、八角、料酒、鸭胗，盖上锅盖，将鸭胗煮熟，再捞出，切成片。

2. 将粉丝用开水泡发烫软。

3. 切成块的鸭血放入开水中余烫片刻，捞出待用。

4. 锅中倒入高汤煮开，加盐拌匀，放入粉丝，搅拌煮熟。

5. 将处理好的鸡毛菜放入，加入鸡粉、胡椒粉、拌匀。

6. 将锅中煮熟的食材盛出摆入碗中，再摆入鸭血、鸭胗，浇上汤即可。

TIPS

①鸭汤用鸭架小火熬制即可，没有也可用清水代替。鸭肝、鸭肠、鸭胗、鸭心可买现成的熟食，也可以自己卤制。

②辣椒油可以根据自己的喜好添加。

10

淮南牛肉汤

2 人份

苏豫皖家喻户晓的名小吃

汤浓醇鲜

原料搭配丰富

适合冷冷的秋冬季节

 原料

牛肉汤适量，卤牛肉 30 克，粉丝 50 克，豆皮 40 克，香菜适量

调料

盐 3 克，胡椒粉 2 克，鸡粉 2 克，芝麻油适量

制作步骤

1 卤牛肉切成片。

2 豆皮切成丝。

3 粉丝泡开。

4 牛肉汤倒入锅内煮开，加盐、胡椒粉、鸡粉。

5 把豆皮丝、粉丝放入，煮至熟透，捞出放入碗中。

6 牛肉摆上，兑牛肉汤，最后撒点香菜，滴点芝麻油即可。

 原料

鸭血 40 克，豆腐 50 克，香菇 30 克，鸡蛋 1 个，
葱花少许，鸡胸肉 30 克

 调料

盐 4 克，水淀粉 10 毫升，陈醋 3 毫升，黑胡椒粉、
鸡粉、芝麻油各适量

制作步骤

1 鸭血、豆腐、香菇、鸡胸肉均处理好后切成丝。

2 鸡蛋倒入碗中，搅拌均匀。

3 鸡丝内加入盐、水淀粉，拌匀。

4 热锅注油烧热，放入鸡丝，翻炒至转色。

5 倒入适量清水煮开，放入豆腐、鸭血、香菇丝，搅
  匀煮沸。

6 加入盐、陈醋，搅拌匀。

7 倒入适量水淀粉，搅拌至浓稠。

8 撒入黑胡椒粉、鸡粉、芝麻油，搅拌匀即可。

11

酸辣汤

2 人份

淡淡的胡椒风味
配上酸酸的味道
赋予食材更多的生命力

米酒

01

酒酿冲蛋

2 人份

寒冷的早晨喝上一碗

从发梢到脚尖都散发出蓬勃的暖意

伴我度过那难熬的冬季

热气腾腾

原料 酒酿 40 克，鸡蛋 2 个，水、枸杞各适量

 调料 白糖适量

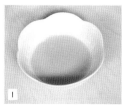 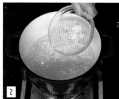 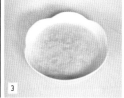 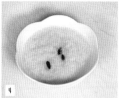

制作步骤

1 鸡蛋打入碗中，搅匀打散。

2 热锅注水烧开，放入酒酿。

3 搅拌片刻煮沸，加入白糖，拌匀，倒入蛋液内。

4 边倒入边搅拌呈蛋花状，放入枸杞即可。

冲蛋的时候锅不要举太高，以
免被沸腾的汤水溅出烫伤。

02

红豆酒酿

2 人份

酸甜可口的米酒
加上软软糯糯的红豆
嘴里吐出的雾气
在空气中凝结而后消失

原料

酒酿 40 克，红豆 50 克

调料

白糖适量

制作步骤

1 热锅注水煮开，放入泡发好的红豆。

2 盖上锅盖，煮开后转中火煮 40 分钟至
红豆开花。

3 加开锅盖，加入酒酿，搅拌匀。

4 放入适量白糖，拌匀即可。

5 盛出装入碗中即可。

03

桂花酒酿

1人份

一股清香沁人心肺
浓浓醇正的酒酿味道
不需要加任何辅料
酒酿与桂花不可辜负

原料

桂花糖 10 克，酒酿 40 克

制作步骤

1 锅中注入适量清水烧开。

2 放入酒酿，搅拌匀煮至开。

3 加入桂花糖，搅拌匀关火。

4 盛出装入碗中即可。

04

酒酿汤圆

2 人份

清香爽口

略带酒味却不浓烈

虽然不是山珍海味

却回味无穷

（原料） 酒酿 30 克，汤圆 60 克，枸杞适量

（调料） 白糖适量

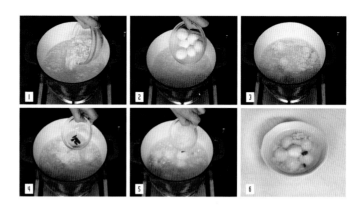

制作步骤

1 锅中注入适量清水烧开，倒入备好的酒酿。

2 将汤圆倒入开水中，再次煮沸。

3 等汤圆煮至差不多浮起。

4 倒入洗净的枸杞。

5 放入白糖，搅拌至完全融化。

6 将煮好的汤圆盛出装入碗中即可。

煮汤圆的时候火不要太大，火太大汤圆的表面会变得不光滑，影响美观。

05

枸杞养血酒酿

2 人份

冬日热乎乎的汤水
早上来一碗
带着饱满的热情去上班
脸色滋润动人

 原料

枸杞 10 克，红枣 10 克，桂圆肉 15 克，酒酿
40 克

调料

白糖适量

制作步骤

1 锅中注入适量清水煮开，放入酒酿。
2 搅拌片刻后加入桂圆肉、红枣、枸杞。
3 盖上盖，焖煮 3 分钟。
4 揭开盖，放入白糖，搅拌至化即可。

银耳米酒甜汤

2 人份

银耳久煮软糯
米酒经长时间煮制
待香味弥漫空气
酒酿不醉人人自醉

原料

银耳 40 克，酒酿 40 克

调料

冰糖 10 克

制作步骤

1 泡发好的银耳切成小块。
2 锅中注入适量清水烧开，倒入银耳，拌匀。
3 盖上盖，煮开后转小火煮 30 分钟。
4 掀开锅盖，倒入酒酿、冰糖，搅拌匀。
5 煮至冰糖完全融化即可。

百变三明治，
每天不重样

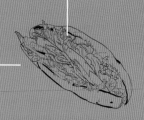

三明治是通过英文单词 sandwich 音译过来的。
它是一种典型的西方食品，吃法简便，广泛流行于西方各国。
三明治营养丰富，老少皆宜，做法方便快捷，
可按个人喜好随意搭配，
致力为现代人打造优质的早餐、健康的生活。

热

火腿蛋三明治

2 人份

1 个鸡蛋

2 片方形面包

一些蔬菜水果

你就能有一个完美的早晨

（**原料**） 方形面包 2 片，圆生菜叶、西红柿、黄瓜各适量，
火腿 1~2 片，鸡蛋 1 个，美乃滋适量

制作步骤

1 煎锅注油，打入鸡蛋，煎至半熟。

2 西红柿去蒂切成片。

3 将黄瓜斜刀切薄片。

4 备好的火腿去除包装，切成薄片。

5 将方形面包单面涂抹美乃滋。

6 逐层放上火腿片、煎蛋、圆生菜叶、西红柿片、黄瓜片，
再将第二片面包盖上，再切成自己喜欢的形状即可。

煎蛋不喜欢半熟的，可以撒
入少许清水后加盖焖熟透，
味道也是非常不错的，但是
半熟的鸡蛋会让三明治更温
润美味。

02

猪排三明治

2 人份

黄油煎香的面包片
加上炸至金黄的猪排
配上清爽蔬菜
轻咬一口唇齿留香

(原料)

全麦面包 2 片，猪排 1 块，高
丽菜 200 克，高苣叶 1 片，
芥末籽美乃滋 2 匙，蛋液适量，
面粉、面包粉各适量

(调料)

猪排酱、白酒、盐、胡椒粉、
食用油各适量

制作步骤

1 将高丽菜洗净，切丝泡水。

2 猪排先用白酒、盐、胡椒粉调味。

3 轻轻沾裹面粉，沾鸡蛋液。

4 沾面包粉作为炸衣，放入 180℃的油锅中。

5 炸至全体金黄酥脆后捞出沥干。

6 将全麦面包的一面涂抹芥末籽美乃滋。

7 再摆放去除水分的高丽菜丝。

8 高丽菜放上炸好的猪排，并淋上猪排酱。

9 摆上高苣叶，盖上另一片全麦面包即完成。

脆皮先生

2 人份

烤至酥脆的面包片
搭配奶香浓郁的热芝士
还有蔬果的加入
唇齿间呈现出丰富口感

 原料

白吐司 100 克，黄油 10 克，
牛奶 100 毫升，洋葱 30 克，
口蘑 60 克，火腿片 20 克，
芝士丝 25 克，面粉、生菜各
适量

 调料

黑胡椒碎、盐各适量

制作步骤

1 锅中放入黄油融化，倒入面粉，使用打蛋器打到起泡。

2 倒入牛奶煮 1 分钟至沸腾，煮至浓稠关火，倒入芝士丝。

3 撒入少量盐搅拌均匀，把酱汁放在一边待用。

4 口蘑切片，放入锅中干煎 1 分钟至焦黄。

5 洋葱切丝，放入锅中，与口蘑一起炒匀。

6 一小块黄油炒匀，放入黑胡椒碎、盐，炒匀后盛入碗中。

7 吐司切边后放入烤盘，涂上做好的酱，放入火腿片、芝士丝、
   果蔬，再涂上一层酱，盖上一片吐司，刷上一层黄油。

8 烤箱预热至 160~180℃，放入烤箱，烤 5 分钟至金黄酥脆。

9 盘中放入火腿片、洋葱丝、生菜，将面包对角切开，装盘即可。

04

热力三明治

3 人份

如名字般火热的三明治
细细咀嚼一番
火腿和芝士的经典搭配
给你补充满分能量

 原料

烟熏火腿 40 克，生菜 20 克，黄油 20 克，吐司
120 克，马苏里拉芝士 2 片

制作步骤

1 火腿切成片，洗净的生菜切段，待用。

2 将吐司四周修整齐，待用。

3 热锅放入黄油融化。

4 放入两片吐司，略微煎香，再放上火腿片。

5 放入两片马苏里拉芝士，再放入火腿片、生菜叶。

6 将两片三明治往中间一夹，煎至表面金黄色。

7 将煎好的三明治盛出，对角切开即可。

焦糖吐司

1 人份

吐司煎成金黄色
撒上杏仁片
沾着焦糖酱一起食用
尝一口还想再试一口

原料

厚吐司 1 块，黄油、焦糖酱、
鲜奶油、杏仁片各适量

调料

糖粉适量

制作步骤

1 厚吐司切成棋盘网格状，刀深约 1/3，不要切断。

2 热锅倒入黄油，加热至融化。

3 将吐司放入，煎至两面金黄，盛出待用。

4 焦糖酱放入煎锅中，小火慢慢加热。

5 将吐司放入锅中，两面均匀粘上焦糖酱。

6 将两面撒上糖粉，吐司上方点缀上奶油、杏仁片即可。

06

鲜虾欧姆蛋三明治

2人份

欧姆蛋的做法多种
不拘泥于形式
只要配上适合自己的口味
简餐就这么简单

| 原料 | 吐司 2 片，切达芝士 1 片，冷冻虾 3 只，鸡蛋 2 个，洋葱 50 克，酸黄瓜 1 个 |

| 调料 | 番茄酱、盐、芥末酱各适量 |

制作步骤

1 将切达芝士切成长宽 1 厘米的四方形。

2 冷冻虾放入盐水中解冻，切成小粒；洋葱切小块；将鸡蛋拌匀，加入切块的芝士、虾、洋葱，再倒入牛奶，拌匀并加入少许盐。

3 在平底锅中加入食用油，将蛋液倒入平底锅中做成欧姆蛋，起锅对半切开。

4 将酸黄瓜捣碎，吐司的一面抹上番茄酱，再加入捣碎的酸黄瓜。

5 放上做好的鲜虾欧姆蛋。

6 最后加适量的番茄酱和芥末酱即可。

要做出嫩软蓬松厚实的蛋饼，可以只取蛋白，加牛奶或奶油或水，快速搅拌，打出泡沫包住蛋内水分。

07

水蛋牛油果酱三明治

1 人份

滑嫩的鸡蛋

香脆的面包

一口口下去

都是浓郁的滋味

原料

鸡蛋 1 个，牛油果 60 克，土豆 50 克，三明治 2 片，综合香草、小松菜叶各适量

调料

盐、黑胡椒各适量

制作步骤

1 锅中注水烧开，撒入少许盐，放入洗净去皮的土豆。

2 将煮熟的土豆盛出放凉，捣成土豆泥。

3 将盐、黑胡椒放入土豆泥内，拌匀待用。

4 吐司放入刷了油的牛排骨锅内，烤出花纹，备用。

5 将土豆泥铺在一片吐司上。

6 锅中注入适量清水，烧至 80℃将火关至最小。

7 敲入鸡蛋，浸煮 2 分钟，盛出摆在土豆泥上。

8 再撒上综合香草、小松菜叶，叠上另一片吐司即可。

08

炸芝士三明治

2 人份

面包皮脆热
搭上有融化感的芝士
再来一杯卡布奇诺
惬意的生活

原料

吐司2片，马苏里拉芝士50克，牛奶适量，鸡蛋液1个量，低筋面粉适量

调料

盐、胡椒粉、糖粉各少许，食用油适量

制作步骤

1 将吐司切边。

2 马苏里拉芝士切成1厘米厚度。

3 吐司上放马苏里拉芝士2片，撒上适量盐和胡椒粉。

4 切半的三明治先沾牛奶，再沾面粉。

5 最后沾鸡蛋液作为炸衣，放入160℃的油锅中。

6 三明治翻面，让前后炸匀呈金黄色，捞出沥干。

7 静置1分钟左右，斜向切半放入盘中。

8 最后撒上糖粉即可。

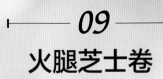

09
火腿芝士卷

2 人份

刚出锅的芝士卷
芝士热化流出
吃一口外脆里嫩
噗嗤噗嗤的感觉值得一试

原料	吐司 2 片，火腿 4 片，切达芝士 2 片，鸡蛋液 1 个量，面包粉适量
调料	盐、食用油各适量

制作步骤

1　吐司切边压平。

2　吐司上依序叠上 1 片火腿、1 片切达芝士、1
　　片火腿。

3　留下 2~3 厘米的部分作为尾端，把吐司卷起来，
　　用保鲜膜包住，放置一段时间固定成长圆形。

4　吐司卷沾鸡蛋液。

5　再沾上面包粉做成炸衣。

6　吐司卷放入 170℃的油锅中。

7　炸至外表呈金黄色时捞出沥干。

8　在吐司卷底端插上竹签即可。

TIPS

炸制之前一定要用保鲜膜固定
造型并压去中间的空气，不然
加热后内部空气膨胀，会产生
松散现象。

10

牛肉三明治

4 人份

一层面包一层蔬菜一层牛肉
层层的满足感
在三明治中多加一点蔬菜
清爽可口还有益身体

 原料

美国嫩肩里肌牛排 600 克，培
根 8 片，生菜 4 片，西红柿 2
颗，白吐司 8 片，西洋芥末 1
大匙

调料

盐、黑胡椒、橄榄油各少许

制作步骤

1　热油锅，将培根放入煎脆；生菜、西红柿洗净切厚片备用。

2　将调味料涂抹在嫩肩里肌牛排的表面，腌约 3 小时后以中火
　将表面煎熟，封住肉汁后放入已预热的烤箱，以 160℃烤约
　40 分钟约呈五分熟。

3　将烤好的牛肉取出，静置冷却后放入冰箱，等要叠放在吐司
　上时再取出切成 3~5 毫米厚度的薄片。

4　将吐司放入烤面包机中烤成金黄，将吐司放在最底层，依序
　放上生菜、培根、西红柿片，最后放上薄牛肉片即可。

热马芬三明治

2 人份

早上起床想来点热热的早餐
首选这款玛芬三明治
几分钟的时间就能有一顿早餐
最适合懒惰的烘焙菜鸟们做了

原料

无盐黄油 15 克，面粉 1 汤匙，
全脂牛奶 200 毫升，肉豆蔻少
许，白吐司 2 片，鸡蛋 2 个，
芝士丝少许，无盐黄油 5 克，
火腿或培根 2 片

调料

白酱少量

制作步骤

1 黄油在小锅中小火加热融化，加入面粉不停搅拌均匀。

2 慢慢加入牛奶，调至中火不停搅拌至黏稠，加入芝士丝，拌
   至融化，待用。

3 将白吐司片切去边缘，用擀面杖擀成薄片，每片都刷上融化
   的黄油。

4 将面包片塞到马芬模具里，然后放一小片火腿，再打入一个
   鸡蛋。

5 加一勺白酱在蛋黄上，再擦一些芝士丝在表面。

6 在吐司边上刷一点融化的黄油，预热烤箱 180℃，烤 10~15
   分钟即可。

12

水波蛋牛油果
三明治

2 人份

软嫩的鸡蛋
与牛油果的芳香
香脆的面包
三重美味谱写出浪漫的三重奏

杂粮吐司 2 片，鸡蛋 2 个，牛油果 1 个，南瓜籽
仁、欧芹碎各少许，奶油芝士适量

醋、盐各少许

制作步骤

1 将杂粮吐司放入烤箱中，烤至微热。

2 锅中加水烧热，加入醋和盐，用汤勺搅拌热水。

3 把 1 个鸡蛋轻轻打入漩涡中，鸡蛋会随漩涡一起旋转。

4 2 分钟后捞出，用冷水浸一下；依此煮熟第 2 个鸡蛋。

5 洗净的牛油果对半剖开，去核，去皮，切片。

6 取出烤热的吐司，上面抹一层奶油芝士。

7 放上牛油果片、荷包蛋，撒上南瓜籽仁、欧芹碎。

原料

芝麻贝果 2 个，培根 4 片，鸡蛋 2 个，奶油芝士
适量

芝麻贝果三明治

1 人份

软糯糯的贝果
坚果的香气与肉的油香
给清晨一丝丝阳光的清晰
开始美好的一天

制作步骤

1 将芝麻贝果放入烤箱中，以上、下火 180℃烤约 5 分钟，微热
即取出。

2 锅中注入橄榄油，放入培根，煎至两面焦黄。

3 盛出，余油留在锅中。

4 鸡蛋打散成蛋液，倒入锅中，炒至金黄色，盛出。

5 在芝麻贝果的单面上涂上奶油芝。

6 放上培根和炒蛋。

7 最后盖上另一片芝麻贝果即可。

14

玉米芝士三明治

2 人份

有了玉米和芝士的陪伴
吐司不再寂寞了
配上一杯牛奶
简易的西式早餐就完成了

 原料

意式香草面包 1 个，罐头玉米半罐，青椒、红椒
各 20 克，洋葱 30 克，碎马苏里拉芝士适量

 调料

美乃滋适量

制作步骤

1 将罐头玉米倒出，沥干水分。

2 将洋葱洗净，切成和玉米粒相似的大小。

3 将青椒、红椒去籽洗净，切成和洋葱相似的大小。

4 把玉米、青椒、红椒、洋葱均匀混合。

5 再加入美乃滋，轻轻搅拌，避免压坏蔬菜，做成玉米沙拉。

6 用面包刀将意式香草面包切成 2 片薄片。

7 在面包的切面上铺满玉米沙拉，再撒上碎马苏里拉芝士。

9 将面包放入预热 200℃的烤箱，烤 7~10 分钟，让芝士融化，面
包呈黄金焦黄即可。

炸吉列猪排三明治

2 人份

吉列猪排选用较厚身的猪
裹上面包糠及炸粉油炸
再浇上猪排酱汁
佐以高丽菜丝食用

（原料）

白吐司 4 片，小里脊 160 克，高丽菜丝适量，低
筋面粉适量，鸡蛋 1 个，面包粉适量

（调料）

盐少许，胡椒粉少许，猪排酱汁适量

制作步骤

1 小里脊每 80 克切成 1 块，用刀子从中间剖开但不要切断，使
   肉块往两侧摊平成肉片，再撒上少许盐及胡椒粉备用。

2 处理好的肉片依序沾上面粉、打散的蛋及面包粉后放入锅中，
   以中火炸至两面酥黄，再涂上猪排酱汁备用。

3 白吐司先烤过；高丽菜丝先泡在冷开水中，吃起来会更清脆爽口。

4 取 1 片白吐司，先铺上沥干水分的高丽菜丝，放上一片涂满酱
   汁的猪排，再铺上一层高丽菜丝，最后盖上另一片吐司，对切
   成 2 份长方形三明治即可。

16

全麦火腿三明治

1 人份

三明治的一个妙处在于可以变化无穷

任何一种面包和面包卷

加上任何一种便于食用的食品

都可以组合成三明治

原料　全麦面包 2 片，黄瓜 40 克，西红柿 50 克，芝士片
1 片，方形火腿 20 克，美乃滋适量

制作步骤

1　全麦面包放入烤盘进烤箱，以 180℃烤 4 分钟使香
　味散发。

2　芝士片切成小块，方形火腿切薄片，待用。

3　洗净的西红柿切成薄片。

4　洗净的黄瓜斜刀切成片，备用。

5　在吐司一面均匀地涂抹上美乃滋。

6　在吐司上层层叠上火腿、芝士、西红柿、黄瓜，再
　盖上一片吐司即可。

做三明治的时候，中间的蔬菜
一定要将水甩干净，不然面包
吸收了蔬菜中的水分会变得软
趴趴的，失去口感。

17

蘑菇酱鸡肉三明治

1 人份

蘑菇酱不仅万能且味道非常好
就像该来的缘分
挡也挡不住
心一下子就被这款三明治俘虏了

原料

全麦白面包 2 片，鸡胸肉 1 块，
洋菇 2 个，墨西哥辣椒片 6 片，
马苏里拉芝士 1 片

调料

蘑菇酱适量，盐、胡椒粉、食
用油各少许

制作步骤

1   鸡胸肉洗净切成 1 厘米厚度，撒上盐和胡椒粉。

2   洋菇洗净去掉外层薄皮，切片。

3   平底锅加入食用油，加热后放入洋菇和少许盐、胡椒粉，
    快速翻炒后盛盘。

4   锅中加油，将鸡胸肉两面煎成金黄色。

5   在一片全麦面包上铺满鸡胸肉。

6   鸡胸肉上放上蘑菇酱，再放洋菇。

7   洋菇上摆放墨西哥辣椒片。

8   马苏里拉芝士切成 0.3 厘米厚片，放在辣椒片上。

9   盖上另一片全麦面包，放入预热 180℃的烤箱中烤
    4~5 分钟，让芝士融化即可。

 18

芝士蔬菜三明治

1 人份

生活中充满无数个可能改变的机会

如同蝴蝶效应一般

看似微小的改变都能带来变化

就从这天的早餐开始做起吧

原料

农夫面包1块，大孔芝士16片，鸡尾小洋葱125克，小酸黄瓜8个（纵向对半切开），红辣椒粉3克

制作步骤

1 用面包刀将农夫面包切成8片，每片约厚15厘米，放入烤盘。

2 在每片农夫面包片上放2片大孔芝士，放入预热至200℃的烤箱中部烤制5分钟取出。

3 将鸡尾小洋葱和切好的小酸黄瓜放在烤好的芝士三明治上。

4 上面再撒些红辣椒粉点缀一下即可。

冷

—— 01 ——

鲔鱼鸡蛋三明治

3 人份

营养丰富之余口感鲜美

还有淡淡的奶香味

适合当早餐的一道食物

三明治就得变着花样吃

<table>
<tr><td>原料</td><td>金枪鱼罐头（水浸）半罐，吐司 3 片，蛋黄酱 2 勺，
鸡蛋 1 个</td></tr>
<tr><td>调料</td><td>盐、黑胡椒各少许</td></tr>
</table>

制作步骤

1　鸡蛋凉水下锅，水沸继续煮 8 分钟，将煮好的鸡蛋捞出，放入
凉水中冷却，剥去蛋壳备用。

2　备好的吐司切去四边，金枪鱼肉碾碎，再将蛋黄、蛋白分离，
蛋白切成小丁，蛋黄压碎。

3　金枪鱼、鸡蛋装入碗中，拌入蛋黄酱、盐、黑胡椒，充分搅拌匀。

4　将拌匀的食材均匀地铺于吐司上，盖上吐司合起来，压紧后再
对角切开即可。

金枪鱼和鸡蛋混合，再拌入蛋
黄酱也可以，混合或分开随个
人喜好！

02

黄油蜂蜜芝士三明治

1 人份

想要一份甜甜蜜蜜的早餐

试试黄油配蜂蜜

烤箱里散发着焦香味

整个屋子都是香甜的味道

原料

厚吐司 1 片，黄油 30 克，鸡蛋 1 个，芝士 1 小块，牛奶、蜂蜜各适量

制作步骤

1 鸡蛋打入碗中，加入牛奶，充分搅拌匀制成蛋奶。

2 厚吐司对切开，再泡入蛋奶内，使其均匀地粘上蛋奶液。

3 煎锅放入黄油，大火烧至完全融化。

4 放入吐司，用小火将两面煎至上色。

5 盛出装入盘中，淋上蜂蜜，摆上一小块芝士即可。

原料

鲜虾 4 只，面包 2 片，西红柿 1 个，培根 1 片，黑胡椒碎少许，牛油果 1 个，鸡蛋 1 个，芝士片 1 片

调料

盐少许，沙拉酱 10 克

03

虾仁牛油果三明治

4 人份

牛油果特殊的鲜香味道
海虾的鲜甜口感
组成了一道奇妙而又和谐的味道
从此开启属于你的健康早餐

制作步骤

1. 将鲜虾、培根片、鸡蛋用平底锅（或烤箱）煎至成熟，在虾上面放盐和黑胡椒碎。

2. 用勺子或叉将牛油果压成泥状，西红柿切片。

3. 面包片先用多士炉烤制一番，更脆更香。

4. 将牛油果泥涂至烤好的面包片上后，将西红柿片、鸡蛋片、芝士片、虾仁、沙拉酱放入中间位置，再将最后一块方包铺在上面。

5. 随后用模具或者刀压边，切去面包的四边皮。

04

酸黄瓜热狗三明治

3 人份

简单又美味

只要早上 5 分钟

就能补充满满的元气

原料

热狗面包 3 个，香肠 3 根，洋葱、西红柿各半个，小黄瓜 1 根，罐装酸黄瓜、生菜、香菜碎各适量

调料

黄芥末酱、泰式甜辣酱各少许，橄榄油适量

制作步骤

1 将热狗面包提前放入烤箱中，烤至微热。

2 小黄瓜、西红柿均洗净切片；洋葱去衣切丁；生菜洗净沥干；罐装酸黄瓜切小圈。

3 锅中倒入橄榄油烧热，放入香肠，煎至表面开花，盛出。

4 取出热狗面包，夹入生菜、黄瓜片。

5 再放入香肠，淋上黄芥末酱、泰式甜辣酱。

6 放入洋葱丁、西红柿片，最后撒上酸黄瓜、香菜碎即可。

05

口蘑熏肉三明治

3 人份

三明治最简单也最美味
短短几分钟
就可以给空寂的胃
暖暖的安慰

原料

法棍 4 片，口蘑 100 克，鸡蛋
2 个，熏肉 4 片，欧芹碎少许

调料

橄榄油适量，黑胡椒碎、盐各
少许

制作步骤

1 将法棍放入烤箱中，烤至两面焦黄。

2 口蘑洗净，切片；鸡蛋打散备用。

3 锅内放入橄榄油烧热，放入熏肉，煎至两面焦黄，盛出。

4 锅底留油，放入口蘑煎 1 分钟至焦黄，放入黑胡椒碎、盐，
翻炒均匀后盛出。

5 锅中再放入适量橄榄油，倒入鸡蛋液，炒至熟，盛出。

6 取出法棍，先铺上炒好的口蘑、鸡蛋。

7 再撒上欧芹碎，最后放上煎好的熏肉即可。

06

鲑鱼生菜三明治

1 人份

略带油脂的三文鱼
搭配清爽的紫叶生菜
去腻清新一举两得
可不能亏待了嘴巴

（原料）

炸面包圈 1 个，带皮鲑鱼 2 片，
生菜少许，奶油芝士适量

（调料）

盐、黑胡椒、柠檬汁各适量

制作步骤

1 鲑鱼片两面撒上盐、黑胡椒、柠檬汁，腌渍片刻。

2 煎锅注油烧热，放入鲑鱼片，煎熟后盛出，待用。

3 炸面包圈横刀切开，在一半的一边抹上奶油芝士。

4 再逐一放上生菜叶、煎鲑鱼片，再盖上另一片面包即可。

土豆沙拉三明治

2 人份

以碳水化合物为主的土豆
有益于人体健康的碱性食品
科学合理地吃好土豆
还可以保持苗条身材

土豆 100 克，小黄瓜 70 克，
水煮蛋 1 个，罐头甜玉米 15
克，胡萝卜 10 克，吐司 2 片，
美乃滋 30 克，酸奶 30 克

盐适量，胡椒适量

制作步骤

1 将土豆去皮并切薄片，放入蒸锅中蒸 10~15 分钟至熟透，取
   出压成泥备用。

2 小黄瓜切圆薄片，并洒上少许盐，腌渍 10 分钟至入味，洗
   净盐分并充分沥干；胡萝卜切细末；水煮蛋的蛋黄压碎，蛋
   白切细丁状备用。

3 将美乃滋、酸奶、盐、胡椒混合均匀，加入土豆泥及步骤 2
   的所有材料和甜玉米，充分搅拌均匀。

4 将内馅平均铺于吐司上，再盖上另一片吐司，最后以斜刀切
   成均等的 4 块即可。

08

鸡蛋鲜虾三明治

2 人份

吐司夹上鲜虾和鸡蛋
早上一块这样的三明治
再配上鲜榨果汁或酸奶
那味道自然是试过的人才知道

原料

鸡蛋 1 个，面包 2 片，牛奶少
许，熟虾仁少许，淡芝士 1 片，
玉米粒适量，黑胡椒少许

制作步骤

1　鸡蛋加少量牛奶打散。

2　加入玉米粒混合。

3　微波叮 20 秒左右，拿出搅散后再叮 15 秒。

4　鸡蛋与熟虾仁混合少许黑胡椒。

5　两片面包夹鸡蛋虾仁馅儿，加芝士，再次加热使芝士微化。

6　斜线对切，装盘即可。

牛油果芝士三明治

有着芝士的味道

吃着却更健康的牛油果

给这款三明治带来不一样的味道

自己做一份营养的早饭吧

全麦切片面包3片，牛油果1
个，芝士1片，火腿2片，黑
胡椒碎少许

制作步骤

1 备好的牛油果对切开，去除果核、果皮。

2 再将牛油果用勺子捣成泥状，加入黑胡椒碎，拌匀。

3 第一片吐司上抹上牛油果泥，再放上芝士片和火腿。

4 再盖上一片吐司，叠上一片芝士、火腿片。

5 再均匀地涂抹上牛油果泥。

6 盖上一片吐司，压实后切成自己喜欢的大小即可。

10
咖喱鸡肉三明治

2 人份

鸡胸肉是健身者最不可或缺的肉类

配上咖喱

让早餐也有了异国的风味

健康又简单的一餐

原料 可颂面包 1 个，鸡胸肉 100 克，黄彩椒 1 个，香菜叶少许

调料 清酱、盐、胡椒粉各少许，咖喱粉、食用油各适量

制作步骤

1 将鸡胸肉放入盐水中浸泡 10 分钟，捞出吸干水分，两面撒上咖喱粉、盐，腌渍片刻。

2 煎锅注油烧热，放入鸡肉，将其煎熟，盛出待用。

3 洗净的黄彩椒在火上烤至表皮黑色，将烤黑的彩椒放入冰水中浸泡。

4 将烤黑的表皮洗去，切开去籽，再切成条。

5 牛排煎锅上油烧热，放上吐司片，烤上花纹。

6 取一片吐司涂上少许青酱，铺上鸡肉、彩椒、香菜叶，再叠上面包，斜角对切开即可。

烤甜椒是为了更好地去除甜椒的外皮，使甜椒的整个甜味与香味浓缩，食用时更加可口。

11

热带风情三明治

2 人份

充满热带水果的风情

配上奶香十足的芝士

给自己一场

异域风情的旅行

原料

吐司 2 片，菠萝 70 克，马苏
里拉芝士 60 克

调料

盐、黑胡椒各少许

制作步骤

1 处理好的菠萝切成小片，泡入盐水中浸泡 10 分钟。

2 备好的马苏里拉芝士切厚片，待用。

3 取一片吐司，铺上芝士，撒上盐、黑胡椒。

4 再铺上菠萝片、一层芝士，再盖上吐司压实。

5 将制好的吐司放入烤箱内，以 180℃烤制 8 分钟至表面
   酥脆。

6 取出三明治后放置片刻，对角切开即可。

12

鲜虾西红柿三明治

2 人份

如何让食物健康又美味
对于食物的使用就要机智而慎重
鲜虾配西红柿
不二选择你值得拥有

 原料

法棍面包 40 克，熟虾仁 30 克，
西红柿 50 克，酸黄瓜 20 克，
生菜 30 克，沙拉酱少许

调料

咖喱粉、盐各少许

制作步骤

1 熟虾仁内放入盐、咖喱粉，充分拌匀腌渍片刻。

2 备好的法棍面包对切开，待用。

3 生菜撕成小块，酸黄瓜、西红柿均切成薄片。

4 取一半面包，均匀地涂抹上沙拉酱。

5 再铺上生菜、西红柿片、酸黄瓜片。

6 铺上腌渍好的虾仁，盖上另一半面包，压实即可。

13

可可酱香蕉三明治卷

2人份

三明治中摆上几片熟透的香蕉片

挤些可可酱

吃完之后的那种幸福感

值得慢慢体会

原料　吐司 2 片，可可酱适量，香蕉 1 根

 调料　食用油适量

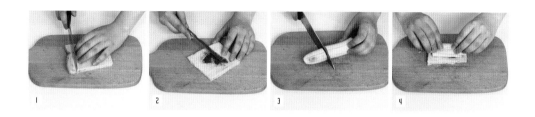

制作步骤

1　备好的吐司片切去四边，再用擀面杖擀薄。

2　用刮刀均匀地涂上可可酱。

3　香蕉去皮，切成三明治长度的段。

4　将香蕉放在三明治上，慢慢卷起，待用。

5　热锅注入适量食用油，大火烧至六层热，放入香蕉卷，
　　转以小火慢炸，将其表面炸脆。

6　将炸好的香蕉卷捞出，沥干油分，装入盘子即可。

TIPS

炸制香蕉卷开始时不宜搅动，
以免在未定型的情况下使其松
散掉。

Chapter

5

花样面食，
能量满满

面食作为早餐里不可或缺的一部分，
温暖你的胃和心，
特别是上班族和爱睡懒觉的人们，
淡淡的小麦粉的香气，
给空寂的胃带来幸福感。

包子

01

豆角包子

4 人份

鲜嫩的豆角与猪肉
被面皮紧紧地包裹上
每一口都是炸裂的美味

原料 面粉 200 克，酵母粉 10 克，长豆角 125 克，猪肉末 200 克，葱花 30 克，姜末少许

调料 盐、鸡粉、五香粉、胡椒粉各 2 克，生抽 5 毫升

制作步骤

1 面粉放入酵母粉，分次注水，揉搓成纯滑的面团。

2 将面团放入碗中，封上保鲜膜，放置温暖处，发酵 2 小时。

3 洗净的豆角切成丁，放入肉末、姜末、葱花。

4 放入盐、鸡粉、五香粉、胡椒粉、生抽，搅匀制成馅料。

5 在案台上撒少许面粉，取出发酵好的面团，搓成长条状。

6 将长条状面团分成数个剂子，擀成薄面皮。

7 取适量馅料放入面皮中，制成包子。

8 取出蒸屉，放入包底纸，放上包子。

9 电蒸锅注水烧开，放上蒸屉，盖上盖，蒸 10 分钟至熟。

10 揭开盖，取出蒸好的包子，装盘即可。

面粉发酵的温度非常重要，酵母发酵时温度太低会影响酵母菌的活跃度，温度太高又会将酵母菌杀死，所以制作时发酵非常重要。

02

牛奶开花甜

8 人份

奶香甜甜的味道
是小朋友最爱的味道
简单好做
是早餐最好的选择

原料

面粉 500 克，牛奶 200 毫升，
猪板油 75 克

调料

白糖、发酵粉各适量

制作步骤

1 将猪板油放入水中清洗干净。

2 切成丁，放入小盆中。

3 加入部分白糖，拌匀，腌渍 2~3 天。

4 面粉放入盆内，加入适量白糖、牛奶，揉匀。

5 加入发酵粉，揉成发酵面粉团。

6 将面团搓成条。

7 揪出小剂子，压扁。

8 包入适量糖油丁，捏拢收口。

9 放入锅中，用大火蒸熟。

10 取出装盘即可。

香菇包菜包子

8 人份

香软的包子
是粥的最佳伴侣
一张薄薄的面片
包裹着满满的美味

原料

面粉 500 克，鸡肉 50 克，水
发海参、虾仁各 100 克，猪五
花肉、冬笋各 300 克，发酵粉、
葱花、姜末各适量

调料

生抽、芝麻油、盐各适量

制作步骤

1 猪五花肉、虾仁、冬笋、鸡肉、水发海参均洗
  净切碎。

2 加入盐、芝麻油、生抽、姜末、葱花。

3 搅拌均匀成肉馅。

4 发酵粉用温水化开，倒入面粉中和成面团。

5 静置一段时间，发酵。

6 搓条下剂，擀成圆皮。

7 加馅捏成包子。

8 放入蒸笼中蒸熟，关火取出即可。

04

韭菜包子

4 人份

包子是中式传统面点

那一张面皮内

不仅是包裹了美味

还包裹了对美食文化的讲究

（原料）面粉 300 克，牛奶 50 毫升，白糖 10 克，酵母粉 20 克，韭菜 90 克，鸡蛋 130 克

（调料）盐 3 克，鸡粉 2 克，五香粉 3 克，芝麻油 4 毫升，食用油适量

制作步骤

1 面粉内加入酵母粉、白糖、牛奶，注入适量清水。

2 将食材充分混合均制成面团，盖上湿布静置 2 小时至面团发酵至两倍大。

3 摘洗好的韭菜切碎。

4 将鸡蛋打入碗中搅成蛋液，加入少许盐，倒入油锅炒碎，再倒入韭菜，放入盐、鸡粉、五香粉、芝麻油，拌匀制成馅料。

5 将发酵好的面团积压去内部的空气，揉成长条，切成数个剂子。

6 剂子擀成面皮，放入适量的馅料包成包子。

7 上屉蒸 15 分钟左右，取出装盘即成。

蛋液里还可以加入少许的牛奶，牛奶不仅能很好地去腥，更能使煎好的蛋碎香滑细嫩。

05

牛肉灌汤包

4 人份

鲜美的汤包

每一口都是饱足

把它作为早餐

也是一场奢华的享受

原料

小麦面粉 500 克，牛肉 300 克，肉皮清冻 100 克，
大葱 20 克，姜 20 克

调料

料酒 15 毫升，盐 4 克，味精 2 克，花生油 20 毫升，
五香粉 1 克

制作步骤

1 将面粉用开水烫一半后再用温水和成面团。

2 将牛肉剁成泥。

3 肉皮冻切碎。

4 将葱、姜末放入牛肉内。

5 将皮冻及料酒、盐、味精、花生油、五香粉加
   入牛肉馅内拌匀。

6 将面团揪成剂子，擀成圆片，包入馅，捏成褶。

7 上屉蒸 15 分钟左右，取出装盘即成。

06

韭菜鸡蛋豆腐粉条包子

3 人份

美味的包子包好
放入冰箱冷藏
想吃的时候简单一蒸
就能给自己一顿美好的早餐

 原料

面粉 300 克，牛奶 50 毫升，白糖 10 克，酵母粉 20 克，豆腐 70 克，韭菜 100 克，水发薯粉 95 克，鸡蛋 60 克

调料

盐 3 克，鸡粉 2 克，花椒粉 2 克，食用油、生抽各适量

制作步骤

1　豆腐切丁，薯粉、韭菜切碎。鸡蛋打散搅匀，翻炒松散。

2　倒入豆腐丁，翻炒片刻，加入薯粉，快速翻炒匀装碗。

3　加韭菜，放盐、鸡粉、花椒粉、食用油、生抽，制成馅料。

4　取一碗，倒入 250 克面粉，放入酵母粉、白糖，拌匀。

5　边倒牛奶边搅拌，再倒入适量的温开水揉成面团，发酵 2 个小时。

6　面团揉匀，搓成长条，揪成剂子，擀制成包子皮。

7　在包子皮上放入适量馅料，制成包子生坯。

8　包子生坯放入蒸锅蒸 15 分钟至熟，取出装盘即可。

07

猪肉白菜馅大包子

4 人份

早餐就想吃白胖的大包子
美味层层散发
给自己元气满分

原料

面粉 300 克，白糖 50 克，酵母粉 20 克，白菜 145 克，肉末 200 克，甜面酱 20 克，水发木耳、葱花、姜末各适量

调料

盐 4 克，鸡粉 2 克，花椒粉 3 克，食用油、老抽各适量

制作步骤

1. 白菜切粒，木耳切碎。

2. 白菜装碗，放适量盐，腌渍 10 分钟，挤去多余的水分。

3. 取一碗，倒入肉末、木耳、姜末、葱花。

4. 放甜面酱、白菜，加盐、鸡粉、花椒粉、食用油、老抽，拌匀制成馅料。

5. 取一碗，倒 250 克面粉，放酵母粉、白糖，拌匀。

6. 再倒入适量温开水揉成面团，发酵 2 个小时。

7. 面团揉匀，搓成长条，揪成剂子，擀制成包子皮。

8. 在包子皮上放入适量馅料，制成包子生坯。

9. 取蒸笼屉，将包底纸摆放在上面，放入包子生坯。

10. 放入蒸锅蒸 15 分钟至熟，取出装盘即可。

08

美味水煎包

4 人份

煎的包子
是包子的升华
更是早餐美味的升华

原料

猪肉馅 200 克，面粉 15 克，酵母 9 克，姜末、葱花、面粉水各适量

调料

料酒 4 毫升，生抽 3 毫升，盐 3 克，白糖 5 克，食用油适量

制作步骤

1 面粉、白糖、酵母倒入碗中，倒入适量清水，揉成面团。

2 面团放入碗中，盖湿毛巾静置发酵至两倍大。

3 发酵好的面团搓成条，切成剂子后擀制成面皮。

4 猪肉馅、姜末、葱花、料酒、生抽、盐倒入碗中，搅拌成馅料。

5 取适量馅料逐一包入面皮中，制成包子生胚。

6 生胚摆入煎锅内，沿边倒入食用油，小火煎至底部金黄。

7 倒入面粉水，盖上锅盖，中火将面粉水熬干。

8 揭开锅盖，撒上葱花即可。

09
三鲜包子

3人份

鸡肉、虾仁、猪肉
三个不同的肉类
三重鲜美交织
形成无法抵挡的美味诱惑

<table>
<tr><td>原料</td><td>面粉 250 克，鸡肉 50 克，虾仁 100 克，五花肉糜
200 克，酵母 10 克，葱、姜末各少许</td></tr>
<tr><td>调料</td><td>白糖、生抽、料酒、五香粉、盐、芝麻油各适量</td></tr>
</table>

制作步骤

1. 面粉内加入酵母粉、白糖，注入适量清水。

2. 将食材充分混合均制成面团，盖上湿布静置 2 小时至面团发酵至两倍大。

3. 虾仁剁成泥，鸡肉洗净，也剁成泥。

4. 剁好的食材装入碗中，再放入五花肉糜，加生抽、料酒、五香粉、芝麻油、盐，充分拌匀制成馅料。

5. 将发酵好的面团挤压去内部的空气，揉成长条，切成数个剂子。

6. 剂子擀成面皮，放入适量的馅料包成包子。

7. 上屉蒸 15 分钟左右，取出装盘即成。

虾最好是选择买新鲜的活虾回家，放入冰箱冷藏 5 分钟，取出后就非常容易去壳。活虾不仅味道鲜甜，更会让包子的味道整个升级。

10

豆沙包子

5 人份

甜甜的豆沙包
是很多小朋友童年最爱的美味
小小的包子香香甜甜
让人欲罢不能

 原料

中筋面粉 350 克，小麦胚芽 50 克，酵母 6 克，
豆沙馅 300 克

制作步骤

1 面粉加小麦胚芽、酵母、水，和成光滑的面团，放温暖处发酵至两倍大。

2 发好的面团取出揉匀，分成小剂子。

3 取面剂子擀扁，放入适量豆沙馅，包成包子。

4 蒸锅中加水，将包子生胚放入。

5 将水加热至 100℃关火，使包子二次发酵。

6 发好后开火，大火烧开后转中小火，20 分钟后关火，3 分钟后再打开锅盖取出。

韭菜猪肉蒸饺

3 人份

韭菜的鲜嫩
猪肉的油香
被完整地包裹入面皮内
每一口都是味觉上的惊喜

(原料)

中筋面粉 150 克，韭菜末 300 克，五花肉碎
200 克，香菇末 50 克，姜末适量

(调料)

白糖 8 克，味精 4 克，盐 4 克，鸡粉 3 克，生粉、
猪油、食用油各适量

制作步骤

1 面粉内加入少许温水，再倒入冷水，揉搓成面团。

2 将五花肉碎、姜末、白糖、盐、味精放碗中，加入猪油，用手反复抓揉。

3 倒入香菇，放鸡粉拌匀，把生粉分 3 次倒入，加食用油拌匀。

4 反复搅拌，使材料混合均匀，把拌好的韭菜猪肉馅装入碗中。

5 面团切一块，再揉搓成长条状，用手摘成约 10 克一个的小剂子，擀平、擀薄，制成
   饺子皮。

6 在饺子皮上放适量的馅，制成饺子生坯。

7 把饺子生坯放入蒸隔，放入蒸锅中，用大火蒸 5 分钟至熟，取出装盘即可。

02

素三鲜饺子

2 人份

饺子中的经典
出现在美好的晨光中
给你一天元气满满

原料 小麦面粉 100 克，冬笋 50 克，香菇 50 克，鸡蛋 3 个

调料 盐、鸡粉、芝麻油各适量

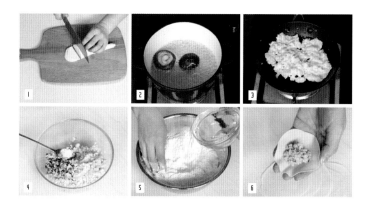

制作步骤

1　冬笋剥壳，切成均匀的片状，放入开水锅中煮 10 分钟左右，捞出晾凉，将冬笋剁成碎末，放好备用。

2　香菇洗净，放入开水中焯一下，捞出，同样剁成碎末。

3　将鸡蛋放入少许盐打匀，入油锅翻炒，将蛋液炒碎。

4　将冬笋末、香菇末、碎鸡蛋一起装入碗中，加入盐、鸡粉、芝麻油一起拌匀。

5　面粉加入适量清水揉匀制成面团，再切成数个剂子，擀制成饺子皮。

6　饺子皮内包入适量馅料，制成饺子生胚，待用。

7　锅里烧开水，倒入包好的饺子，煮熟后蘸料吃。

余好的冬笋和香菇还可以加入生抽翻炒出香味，再加入馅料，更能充分发挥山珍的美味。

03
青菜水饺

2 人份

一顿美味饺子
还带来满满的维生素
美味健康 1+1

原料	中筋面粉 300 克，青菜 70 克，猪油 10 克，葱花少许

调料	盐、鸡粉各 3 克，生抽 5 毫升，食用油适量

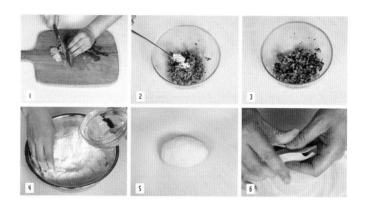

制作步骤

1 锅中注水烧开，放入盐、食用油，倒入洗净的青菜烫软后捞出，将青菜切碎。

2 青菜末倒入碗中，加入猪油、葱花。

3 放入盐、鸡粉、生抽，拌匀入味，制成馅料。

4 面粉内倒入适量温水，混合匀。

5 再揉搓成面团，再揉成粗条，切成剂子，擀制成饺子皮。

6 取适量的馅料包入饺子皮内，制成饺子生胚。

7 锅中注入适量清水烧开，放入饺子生胚。

8 待其再次煮开，拌匀，再煮 3 分钟。

9 加盖，用大火煮 2 分钟，至其上浮。

10 揭盖，捞出饺子，盛入盘中即可。

TIPS

要是使用的是肥肉较多的五花肉糜，可以不用再加入猪油，以免馅料的味道过于油腻，影响了饺子的味道。

04

酸汤水饺

2 人份

都说早上决定了一天
那就用这碗让人胃口大开的水饺
打开你一天的胃口吧

原料

水饺 150 克,过水紫菜 30 克,虾皮 30 克,葱花 10 克,油泼辣子 20 克

调料

盐 2 克,鸡粉 2 克,生抽 4 毫升,陈醋 3 毫升

制作步骤

1 锅中注入适量的清水,大火烧开。

2 放入备好的水饺。

3 盖上锅盖,大火煮 3 分钟至水饺浮起。

4 取一个碗,放入盐、鸡粉。

5 淋入生抽、陈醋,加入紫菜、虾皮、葱花、油泼辣子。

6 揭开锅盖,将水饺盛出,装入调好料的碗中。

 原料

肉末 170 克，熟白芝麻 5 克，香菇 60 克，饺子皮 135 克，姜末、葱花各少许

调料

盐 3 克，鸡粉 3 克，生抽 5 毫升，花椒粉 3 克，芝麻油 5 毫升，食用油适量

— 05 —

香菇水饺

2 人份

水饺是再日常不过的食物
一日三餐都可以吃
但是作为早餐食用
更是无比美好

制作步骤

1. 洗净的香菇切成厚片，改切成丁。
2. 沸水锅中倒入香菇丁，焯煮片刻至其断生，捞出沥干水待用。
3. 往肉末中倒入香菇丁、姜末、葱花、熟白芝麻。
4. 加入盐、鸡粉、生抽、花椒粉、芝麻油、食用油，拌匀入味，制成饺子馅料。
5. 往饺子皮边缘涂抹一圈油，放上适量馅料，将饺子皮两边捏紧。
6. 其他的饺子皮都采用相同方法制成饺子生胚，放入盘中待用。
7. 锅中注入适量清水烧开，倒入饺子，煮开后再煮 3 分钟，倒入少许凉水。
8. 加盖，用大火煮 3 分钟，至其上浮。
9. 揭盖，捞出煮好的饺子，盛入盘中即可。

06

韭菜猪肉煎饺

4 人份

中国传统早餐习惯喝粥

但喝粥非常容易饿

当然要来点硬货

那么这款煎饺你值得拥有

原料

面粉 250 克，韭菜末 300 克，
五花肉碎 200 克，姜末、面粉
水各适量

调料

白糖 8 克，味精 4 克，盐 4 克，
鸡粉 3 克，生粉、猪油、食用
油各适量

制作步骤

1 将面粉倒入适量温水混匀，揉搓成纯滑的面团。

2 五花肉碎、姜末、白糖、盐、味精放入碗中，加猪油，用手
   反复抓揉。

3 倒入韭菜末，放鸡粉拌匀，把生粉分 3 次倒入，再倒入食用油，
   拌匀使材料混合均匀，把拌好的韭菜猪肉馅装入碗中。

4 面团切一块，再揉搓成长条状。

5 摘成数个约 10 克的小剂子，擀制成饺子皮。

6 煎锅中倒入适量食用油烧热，放入蒸好的韭菜猪肉饺。

7 小火将底部成金黄色，倒入面粉水，盖上锅盖待锅底水分煎
   干即可。

07

家常煎饺

2 人份

这是一道超越了饺子的美味
简单的再加工
就让一种好吃的食物变得更好吃

 原料

猪肉馅 200 克，饺子皮 50 克，白菜 80 克，葱
适量

调料

盐 5 克，鸡粉 3 克

制作步骤

1　白菜切碎，加入肉馅内，加入葱、盐、鸡粉。

2　再加入姜末，用筷子往一个方向搅肉馅上劲。

3　取适量馅料放在饺子皮上，制成饺子生胚。

4　煎锅注油烧热，摆入饺子生胚，转中火煎至表面金黄。

5　撒入少许清水，盖上锅盖再焖至水气蒸发即可。

08

翡翠白菜饺子

5 人份

这不仅仅是一道饺子
更多的是制作的成就与乐趣
一道美味又充满趣味的饺子
适合早晨时给自己一个好心情

| 原料 | 面粉 300 克，猪肉馅 300 克，葱 15 克，姜 5 克，白菜 200 克，菠菜叶 150 克 |

| 调料 | 盐、芝麻油、花椒粉、生抽、鸡粉、食用油各适量 |

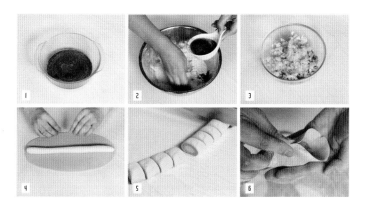

制作步骤

1 菠菜叶打成菠菜泥，备用。

2 100 克面粉加适量菠菜泥和成绿色面团；剩下 200 克面粉和成白色面团饧半小时。

3 肉馅切碎，加入葱、姜、芝麻油、花椒粉、生抽、盐、鸡精、食用油，制成肉馅。

4 绿色面团擀成长方形片放到下面，白色面团搓成长条放在上面，用绿色面团把白色面团卷起来。

5 切成剂子压扁，擀成皮。

6 放入适量的馅料，逐个包好。

7 开水下锅，水再开 8 分钟后捞出。

TIPS

两种颜色面皮粘合的时候不要进入空气，以免粘合有问题，煮时饺子皮会破损。

01

生菜鸡丝面

2人份

鲜美的鸡肉
搭配爽滑的面条
几分钟搞定一顿美好的早餐

原料	鸡胸肉 150 克，生菜 60 克，细面 80 克

调料	上汤 200 毫升，盐 3 克，鸡粉 3 克，水淀粉 3 毫升，食用油适量

制作步骤

1. 洗净的鸡胸肉切成丝，再盛入碗中，加入盐、鸡粉、水淀粉拌匀，加食用油，腌渍 10 分钟。

2. 锅中加入适量清水烧开，放入细面搅拌，煮 2 分钟。

3. 把煮好的面条捞出，装入碗中备用。

4. 锅中加入上汤煮沸，放入鸡肉丝，加盐、鸡粉煮熟。

5. 再放入生菜丝，把生菜夹出，放在面条上。

6. 再摆上鸡肉丝，浇上汤汁即可。

鸡胸肉味道虽然香，但是口感上较柴，不喜欢这个口感的人也可以将鸡胸换成鸡腿肉。

── 02 ──

菌菇面

3 人份

菌菇鲜美
小麦的甜香
完美地融合在一起
给早晨带来不一样的美味

（原料）

挂面 200 克，鸡腿菇 50 克，白玉菇 50 克，葱少许

（调料）

老抽、盐、糖、蚝油、芝麻油、食用油各适量

制作步骤

1 鸡腿菇洗净切薄片，白玉菇洗净。

2 热锅冷油，下入准备好的菌菇翻炒。

3 加入盐、糖、微量水、蚝油，最后加老抽调色。

4 关火，撒入少许葱花，浇头完成。

5 碗里放少许盐、糖、芝麻油，加水，盛入煮好的挂面。

6 淋上备好的浇头即可。

蘑菇通面

1人份

淡淡的奶油香味
完美融入了意面内
给意面带来新的惊喜美味

原料

通心意面 50 克，口蘑 20 克，蒜末、淡奶油、芝士粉各适量

调料

盐、黑胡椒、橄榄油各少许

制作步骤

1 锅中注入热水，加入少许盐，倒入通心意面煮 5 分钟至软。

2 口蘑洗净切成片，待用。

3 热锅注橄榄油烧热，倒入蒜末、口蘑，翻炒出香味。

4 倒入淡奶油，加入盐、黑胡椒，翻炒均匀。

5 煮好的意面倒入炒锅内继续翻炒。

6 炒至意面完全入味盛出，撒上芝士粉即可。

04

芝麻酱乌冬面

2 人份

这道美味的拌面
是夏天最棒的选择
炎热的夏天
给予自己一个清爽的早晨

原料	乌冬面 200 克，黄瓜 100 克，西红柿 60 克，高汤 50 毫升，辣椒粉少许
调料	陈醋 3 毫升，盐适量，椰子油 8 毫升，芝麻酱、白芝麻各少许

制作步骤

1　洗净的黄瓜切段，再切片，切丝。

2　洗净的西红柿去蒂，对半切开，切成瓣。

3　锅中注入适量清水烧开，倒入乌冬面，煮至断生，将煮好的乌冬面捞出。

4　再放入凉开水中浸泡片刻，捞出沥干装入碗中，待用。

5　取一碗，放入椰子油、白芝麻、陈醋，再加入高汤、清水、辣椒粉，搅拌匀，浇在乌冬面上。

6　淋上芝麻酱，摆放上西红柿、黄瓜丝即可。

煮乌冬面的时候，最好加入少许盐，面会更加 Q 弹，当然要是有条件也可以自己在家做手擀新鲜的乌冬面，会非常美味哦。

05

阳春面

3 人份

此面看着简单
但是有着劳动人民
最淳朴的美味与智慧

（原料）

骨头汤 500 毫升，面粉 200
克，鸡蛋 2 个，生菜 80 克，
葱花少许

（调料）

盐、鸡粉各 2 克，水淀粉 5 毫
升，食用油适量

制作步骤

1 洗净的生菜切丝。

2 热锅注水加热至气泡附锅壁，打入鸡蛋。

3 加盖后转小火焖 3 分钟至鸡蛋半熟，捞出鸡蛋，放入冷开水
    中待用。

4 面粉加水揉成面团，饧后擀成薄皮，再卷起来，切成面条，
    抖散。

5 锅中注入适量清水烧开，倒入面条，煮至熟软。

6 捞出煮好的面条，放入碗中，摆放上生菜丝、鸡蛋。

7 热锅中倒入骨头汤，煮至沸腾，撒上盐、鸡粉、水淀粉。

8 拌匀入味，将煮好的汤汁盛出淋在面条上，撒上葱花即可。

牛肉冷面

4 人份

炎热的夏天让人心烦
一碗简单的冷面
冰爽浸润入心

熟鸡蛋半个，牛肉 150 克，黄瓜、
梨子各 50 克，荞麦面 700 克，葱、
姜、蒜各适量

盐、食用油各适量

制作步骤

1 梨子取肉榨汁，倒入锅中煮开。

2 准备一个锅，加入 1 升水，加牛肉、葱、姜、蒜，煮 1 个小时，加
入梨汁煮滚，加入盐，拌匀调味。

3 捞出牛肉，将汤过滤放入冰箱冷藏，牛肉汤即成。

4 锅中注水烧开，放入荞麦面煮 3 分钟至软，再捞入冷水中冷却。

5 沥干荞麦面，放入碗中。

6 煮过的牛肉切片，待用。

7 将黄瓜、梨切成丝，铺摆在面上。

8 再摆上牛肉片和半个蛋放到面上。

9 倒入冷却的牛肉汤即可。

07
杂菇乌冬面

3 人份

冷面热汤

经典的吃法

鲜美的味道

给自己一个完美的早餐

| 原料 | 乌冬面 300 克，猪肉薄片 30 克，杏鲍菇 100 克，白玉菇、大葱、柴鱼汤各适量 |

| 调料 | 食用油、盐、胡椒粉、清酒各适量 |

制作步骤

1　杏鲍菇、白玉菇切成小块。

2　大葱斜刀切成薄片。

3　热锅注油烧热，倒入猪肉薄片、大葱，炒香。

4　倒入菌菇，炒匀，倒入柴鱼高汤。

5　加入清酒、盐、胡椒粉，搅拌匀，盖上盖，中火煮 20 分钟。

6　汤锅注水烧开，放入乌冬面，将其煮熟，捞出放入冷开水中，浸泡降温。

7　揭开盖，将煮好的杂菇汤盛出装入碗中，撒上葱花。

8　备小碗，装入降温后的乌冬面，食用时冷面沾热汤食用。

TIPS

菌菇的味道鲜美，但是储存较为麻烦，新鲜的菌菇最好放在干燥阴凉的地方，能保存更长的时间。

08

荞麦素面

2 人份

荞麦面非常适合夏天
清爽的口感
是夏天早上最好的选择

 原料

荞麦面 150 克，大葱 10 克

调料

生抽 20 毫升

制作步骤

1 大葱切碎，放入碗中。

2 生抽煮热之后倒入。

3 调味汁放入冰箱冷藏，或者加些冰块降温。

4 水烧开，放入荞麦面煮熟。

5 捞出放入冰水中降温，彻底变凉后控水备用。

6 面装入碗中，食用时将面条蘸着调味汁即可。

09

高丽菜鸡肉细面

2 人份

照烧鸡腿的鲜美
配上爽脆的高丽菜
搭以细面一起
美味得让人停不下来

原料

高丽菜 30 克，鸡腿肉 200 克，苹果泥 40 克，细面 150 克，鸡汤适量，白芝麻少许

调料

生抽 10 毫升，料酒 8 毫升，糖 5 克，盐 3 克，生姜汁、水淀粉、食用油各适量

制作步骤

1 高丽菜切成大块。

2 热锅注油烧热，放入鸡腿肉，煎至两面金黄色，待用。

3 取一个小碗，放入生抽、料酒、糖、生姜汁、苹果泥，搅拌匀。

4 将拌好的酱料倒入煎锅内，大火烧开。

5 放入煎好的鸡腿肉，盖上盖，将其焖熟。

6 揭开盖，倒入水淀粉，收汁后盛出，再切成厚片，待用。

7 将细面放入沸水锅中，将面条煮软。

8 将面条捞出放入冰水中浸泡降温，捞出。

9 鸡汤倒入锅中煮开，放入面条，将其煮熟。

10 煮好的面捞出装入碗中，将高丽菜放入汤中。

11 加入少许盐，拌匀调味，倒入面中。

12 再摆放上鸡腿肉，撒上白芝麻即可。

10

海鲜伊面

2 人份

浇汁伊面不仅鲜美可口
做法也相当随意
用丰富的食材
给自己一个美好的早晨

<table>
<tr><td>原料</td><td>蛏子、花蛤各 50 克，对虾 50 克，细面 200 克，
高汤少许，葱花、姜片各适量</td></tr>
<tr><td>调料</td><td>盐、料酒、水淀粉、胡椒粉、生抽、食用油各适量</td></tr>
</table>

制作步骤

1　锅中注水烧开，放入细面，将其煮熟捞出，浸入凉开水中降温，
　　捞出待用。

2　热锅注油烧热，放入细面，将其煎定型制成面饼，盛出待用。

3　锅底留油，放入姜片，爆香，倒入蛏子、花蛤、对虾，翻炒匀。

4　淋入料酒，继续翻炒匀。

5　倒入少许高汤，加入胡椒粉、盐，翻炒入味。

6　淋入生抽、水淀粉，翻炒收汁。

7　将炒好的海鲜浇在面饼上，撒上葱花即可。

TIPS

买来的蛤蜊经常还含有泥沙，
最好提前一天购买在家养一晚
上后再烹制，味道会更鲜美。

01

葱油饼

5 人份

一道经典的美味

简单好做

是早餐的最佳主角

原料

低筋面粉 400 克，泡打粉 8 克，水 200 毫升，细砂糖 100 克，猪油 5 克，葱花适量

制作步骤

1 低筋面粉、泡打粉、细砂糖、猪油、葱花倒入碗中，再缓缓加入清水，边倒边搅拌制成面浆。

2 煎锅注油烧热，倒入面浆用中火慢慢煎至定型。

3 用锅铲翻面，将两面煎上色，改小火慢慢将其完全烘熟透。

4 将饼盛出，切成小块装入盘子即可。

调制饼浆时不宜加入太多水，以免饼浆过稀煎成的饼不仅没有口感，也增加了烹饪的难度。

02

海鲜煎饼

2 人份

海鲜不管什么时候吃都能使人快乐

早上被卷入蛋饼中

当成早餐

更是一早给人带来幸福感

原料

面粉 50 克，虾仁 100 克，鱿鱼 20 克，鸡蛋 3 个，韭菜 30 克

调料

盐、食用油各少许

制作步骤

1　一部分虾仁、鱿鱼切碎一下，和面粉、盐混合一起。

2　加入适量清水，打入 2 个鸡蛋搅拌成均匀的面糊。

3　剩下的 1 个鸡蛋打散成蛋液。

4　煎锅加油烧热，放入剩下的虾仁、鱿鱼，翻炒一下。

5　放入韭菜，翻炒匀后加入蛋液，炒熟盛出备用。

6　煎锅注油烧热，倒入拌好的面糊，煎至定型。

7　铺入炒好的食材，将饼皮慢慢卷起。

8　关火，盖上锅盖将饼焖熟即可。

 原料

鸡腿 1 个，菠菜 100 克，面粉 100 克，鸡蛋 1 个，
姜片、蒜片、苦菊、紫甘蓝、胡萝卜各适量

调料

食用油、盐、生抽、料酒、叉烧酱、胡椒各适量

03

菠菜鸡肉饼

2 人份

鲜嫩的鸡肉
被美味蔬菜面皮包裹
面香与肉香交织于舌尖
给早晨带来奢华的享受

制作步骤

1 将鸡腿沿着骨头切开，将鸡腿肉完整地剔下来。

2 加生抽、盐、胡椒、姜片、蒜片、料酒和叉烧酱腌渍 1 个小时以上。

3 烧锅开水，加入少量盐和油，将菠菜放入其中焯烫后再捞出。

4 加入适量水，用搅拌器搅打成泥，在里面加入面粉、鸡蛋、盐、胡椒等调味。

5 搅拌成稀糊后，再加入适量的油，搅拌均匀。

6 锅烧热，鸡腿肉皮朝下放入，小火慢慢煎至鸡皮中的油脂溢出，直至两面金黄色盛出。

7 锅烧热，刷层底油将准备好的面糊倒入，让面糊均匀地铺在锅底。

8 定型后，小火慢慢煎熟，将摊好的菠菜饼放在干净案板上。

9 放上苦菊、紫甘蓝丝和红萝卜丝，再放些鸡腿肉卷起来即可。

04
蔬菜饼

2 人份

不仅有满满的蔬菜
还加入了有益肠胃的益生菌
给大家健康的一天

原料 西红柿 120 克，青椒 40 克，面粉 100 克，包菜 50 克，鸡蛋 50 克，益力多适量

调料 盐 2 克，食用油适量

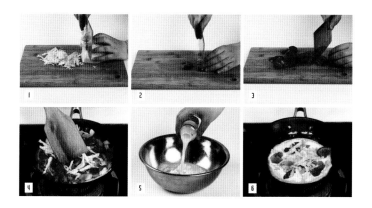

制作步骤

1 洗净的包菜切成丝，待用。

2 洗净的青椒去籽，切成条。

3 洗净的西红柿去蒂，切成小块。

4 用油起锅，倒入切好的食材，再略微翻炒，至食材熟软，盛出装入盘中，待用。

5 取一个碗，倒入面粉，倒入打散的鸡蛋液、益力多，拌匀，注入适量清水，加入盐，拌匀制成面糊。

6 煎锅注油烧热，倒入面糊，略煎后放入适量炒好的蔬菜。

7 摊成面饼，将面饼煎至两面成金黄色。

8 将煎好的蔬菜饼盛出装入盘中，再摆上生菜即可。

蔬菜不宜炒太熟，不仅会破坏营养，炒过后也会太湿，煎饼的时候会影响饼的成型状态，影响饼的口感。

05

草莓酱烘饼

2 人份

酸酸甜甜的草莓酱
配上蛋奶香味的烘饼
充满晨光的美味

原料

草莓焦糖酱 50 克，黄油 50 克，
鸡蛋 100 克，面粉 80 克，柠
檬汁少许

调料

白糖 30 克

制作步骤

1 鸡蛋取蛋白倒入碗中，加入白糖、少许柠檬汁。

2 用电动搅拌器打发至鸡尾状。

3 蛋白内加入面粉，充分搅拌匀。

4 煎锅内加入黄油加热至化，倒入面糊煎至定型。

5 翻面，将两面上色定型，放入烤箱 180℃烤 20 分钟。

6 烤好的烘饼装入盘子，浇上草莓焦糖酱即可。

原料

鸡蛋 2 个，牛奶 150 毫升，低筋面粉 100 克，
黄油 15 克，香蕉 1 根，巧克力酱适量

调料

盐、白砂糖各少许

06

巧克力香蕉可丽饼

2 人份

浓厚的巧克力
与奶香四溢的可丽饼
就算不是早餐
也能俘获少女的心

制作步骤

1 香蕉去皮，斜刀切成片。

2 将黄油隔水加热，融化后，加入鸡蛋打匀。

3 再将牛奶、糖、盐加入拌匀，最后筛入面粉，拌匀即可。

4 平底锅加热，倒入面糊，将其摊成薄面饼。

5 煎好的可丽饼盛出装入盘中，淋上巧克力酱。

6 摆上香蕉即可。

07

炸虾蔬菜卷饼

3 人份

鲜嫩的弹牙的虾仁
与生菜一起被卷入饼中
对于早起后空虚的胃
再温暖不过

原料 河虾 100 克，鸡蛋 1 个，面粉 80 克，玉米面 60 克，生菜 200 克，面粉 310 克，姜末少许

调料 胡椒粉、黑胡椒碎、盐各适量

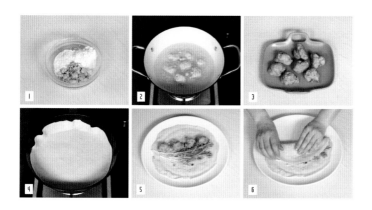

制作步骤

1 河虾氽烫至变色捞出沥干，放入盆里，放姜末、盐、胡椒粉和黑胡椒碎拌均匀，腌几分钟入味，再放入 150 克面粉、玉米面、鸡蛋。

2 用勺子挖一勺虾球面糊，等油温五成热，入锅炸至酥脆。

3 将炸好的虾球捞出，沥干油分，待用。

4 另取 160 克面粉，加适量的水，和成较软的面团，擀成薄皮，放入平底锅中两面烙熟。

5 烙好的饼中铺上生菜，摆上炸好的虾球。

6 将饼卷好，用油纸包好即可。

面糊的黏稠度非常重要，过稀会造成面浆不易成形，过稠的话煎出的饼会过硬，所以制作面浆的时候要非常注意比例。

08

炸鸡卷饼

2 人份

早晨起来再大的起床气
只要一份完美的早餐就能充分化解

原料

春卷皮 2 张，鸡腿肉 150 克，
生菜 40 克，西红柿 50 克，
酸奶 20 克，低筋面粉 15 克

调料

盐 4 克，鸡粉 3 克，料酒 4 毫
升，食用油适量

制作步骤

1 鸡腿肉切成小块，放入碗中，加酸奶、料酒、盐、鸡粉，拌匀，
   再加入面粉，拌匀后放入冰箱冷藏 30 分钟。

2 洗净的生菜切成小段，西红柿切小块待用。

3 热锅注油烧至六成热，放入腌好的鸡块，将鸡块炸熟，捞出，
   开大火加温，再放入鸡块，炸至表面金黄色。

4 煎锅抹油，放入春卷皮将其烘熟。

5 春卷皮上铺入生菜、西红柿、炸鸡块，将春卷皮卷起即可。

蜂蜜芝士馅饼

2 人份

松松软软
香香甜甜
每一口都是元气

原料

面粉 100 克，鸡蛋 1 个，牛奶 100 毫升，芝士粉 20 克

调料

黄油适量，奶油 10 克，蜂蜜适量

制作步骤

1 鸡蛋打入面粉里，倒入牛奶。

2 芝士粉、蜂蜜、一小块黄油、奶油搅拌均匀，倒入已预热好的煎锅内。

3 中火煎 3 分钟左右成型，翻面。

4 将馅饼两面都煎熟，取出装盘中，再淋上蜂蜜，摆放上一小块黄油即可。

Chapter

6

假日早餐，
满足甜蜜

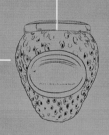

假日的早餐更不能随便应付了
不仅要美味可口、营养搭配全面
更要制作简单、颜值满分

香煎三文鱼
清爽早餐

2 人份

01 香煎三文鱼

02 芝麻拌菠菜

03 厚蛋烧

01 香煎三文鱼

原料

带皮三文鱼排适量

调料

黑胡椒、盐、橄榄油各适量

制作步骤

1 处理好的三文鱼排撒上适量盐、黑胡椒。
2 涂抹匀，再腌渍片刻。
3 热锅注入橄榄油加热，放入鱼排。
4 煎 1 分半钟后翻一面，再煎 1 分半钟。
5 再将鱼皮煎 1 分钟，盛出即可。

02 芝麻拌菠菜

原料

菠菜 120 克，芝麻适量

调料

盐、食用油各适量，生抽、陈醋各少许

制作步骤

1 热锅注水烧开，放入盐、食用油。
2 放入切段的菠菜，汆至断生捞出。
3 捞出的菠菜装入碗中，加入少许生抽、陈醋。
4 拌匀装入小碗中，再撒上芝麻即可。

03 厚蛋烧

原料

鸡蛋 100 克

调料

盐、食用油各少许

制作步骤

1 鸡蛋打入碗中，加入盐，混合好。
2 煎锅内加入少许油烧热，倒入一部分蛋液，烧至凝固。
3 往自己的方向均匀卷起，再往里推到一边。
4 把剩余的蛋液继续加到锅里，起泡的地方就把它弄破。
5 重复卷起，直到用完蛋液。
6 做好的蛋卷可以稍微整型，切成适合的大小即可。

02 黑醋圣女果沙拉

美味鸡蛋
假日早餐

2 人份

03 黄油芦笋

01 水扑蛋

01 水扑蛋

鸡蛋 1 个

白醋少许

制作步骤

1 热锅注水烧至 80℃，转最小火。

2 淋入少许白醋，打入鸡蛋。

3 用小火煮 1 分钟后将鸡蛋捞出即可。

02 黑醋圣女果沙拉

圣女果 40 克，洋葱 20 克

黑香醋、盐、橄榄油、蜂蜜各适量

制作步骤

1 洗好的圣女果对切开。

2 洋葱处理好，切成丝。

3 圣女果与洋葱装入碗中，淋入黑香醋、蜂蜜。

4 再加入盐、橄榄油，拌匀即可。

03 黄油芦笋

芦笋 50 克，黄油适量

制作步骤

1 黄油加入锅中加热至化，放入芦笋。

2 用中火将芦笋煎至熟透即可。

百吃不厌
炖西红柿早餐

2人份

01 蒜香面包 ├

01 蒜香面包

原料

吐司 3 片，大蒜、黄油、橄榄油、欧芹碎各少许

制作步骤

1. 大蒜切成片。
2. 吐司上均匀地抹上黄油。
3. 蒜片上淋橄榄油，摆放在吐司上。
4. 将吐司放入预热好的烤箱内。
5. 200℃烤制 10 分钟，取出后撒上欧芹碎即可。

02 意式炖西红柿汤

原料

西红柿 180 克，土豆 100 克，洋葱 80 克

调料

盐、橄榄油、淡奶油各适量

制作步骤

1. 西红柿、洋葱、土豆洗净，均切小块。
2. 锅内倒入橄榄油加热，放入洋葱，翻炒到颜色透明。
3. 放入西红柿翻炒 3 分钟。
4. 再倒入土豆、清水，撒少许盐，盖上盖，煮 25 分钟左右。
5. 用搅拌棒将锅里的所有蔬菜搅碎。
6. 将煮好的汤装入碗中，浇上少许淡奶油即可。

苦菊沙拉
与煎锅料理

2 人份

01 苦菊绿色沙拉

原料

苦菊 100 克，培根 20 克，柠檬半个，苹果醋 30 毫升，腰果 30 克

调料

盐、胡椒粉、橄榄油各适量

制作步骤

1 苦菊洗净沥干水，切成段。

2 热锅倒入橄榄油加热，加入培根，将培根煎干。

3 取一个碗倒入橄榄油，挤进半个柠檬的汁。

4 放入适量盐、胡椒粉，充分搅拌均匀，就成了沙拉调味汁。

5 把苦菊、培根混合在一起，吃的时候再倒入沙拉调味汁，搅拌均匀即可。

02 煎锅简餐

原料

鸡蛋 2 个，香肠 2 根，葱少许

调料

食用油适量

制作步骤

1 煎锅内注油加热，放入香肠，煎出香味。

2 敲入鸡蛋，加热 2 分钟。

3 至鸡蛋半熟，加入少许葱花即可。

烤蔬菜配餐蛋可丽饼

2 人份

01 烤蔬菜

02 餐蛋可丽饼

01 烤蔬菜

原料

西葫芦1个，黄红彩椒2个，茄子1个，综合香料、芝士粉各适量

调料

盐、橄榄油各适量

制作步骤

1 将所有食材洗净，切成片。
2 蔬菜装入碗中，加入橄榄油、综合香料、盐，搅拌匀。
3 将拌好的蔬菜装入焗盘中，用200℃的温度烘烤30分钟。
4 取出后装入盘中，撒上芝士粉即可。

02 餐蛋可丽饼

原料

火腿片2片，鸡蛋2个，面粉70克，牛奶100毫升，黄油、干罗勒各适量

调料

白糖、盐各适量

制作步骤

1 将黄油隔水加热，融化后加入鸡蛋打匀。
2 再将牛奶、白糖、盐加入拌匀，最后筛入面粉，拌匀。
3 平底锅加热，倒入面糊，将其摊成薄面饼。
4 在饼中心加入鸡蛋、火腿片。
5 将饼皮四面向内折，加热定型。
6 煎好的可丽饼盛出装入盘子，撒上少许干罗勒装饰即可。

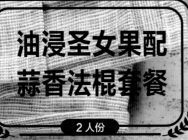

油浸圣女果配
蒜香法棍套餐

2 人份

01 油浸烤圣女果

02 蒜香芝士法棍

01 油浸烤圣女果

原料

圣女果 150 克，综合香草、
蒜片各适量

调料

海盐 2 克，橄榄油、黑胡椒碎
各适量

制作步骤

1 圣女果洗干净对半切开，摆在烤盘里。

2 放入烤箱，用 110℃ 热风烘烤至半干。

3 热锅倒入橄榄油加热，放入蒜片，至蒜片颜色开始变黄。

4 再放入综合香草和黑胡椒碎爆香。

5 最后放入圣女果干，直到圣女果干鼓起，要变焦的时候放
入海盐。

6 晾凉装入消毒后的盒子中，密封 7 天后即可食用。

02 蒜香芝士法棍

原料

法棍 1 根，大蒜少许

调料

橄榄油、盐各适量

制作步骤

1 备好的法棍斜刀切厚片。

2 处理好的大蒜切成片。

3 热锅倒入橄榄油加热，放入蒜片、盐，将蒜片煎透。

4 将蒜油淋在法棍上，摆上蒜片。

5 放入烤箱，180℃烤 8 分钟即可。

日式秋刀鱼
早餐

2 人份

01 日式烤秋刀鱼

02 鲑鱼芝麻茶泡饭

01 日式烤秋刀鱼

原料

秋刀鱼 2 条，柠檬 1 个

调料

辣椒粉 3 克，黑胡椒 3 克，
海盐、橄榄油各适量

制作步骤

1 秋刀鱼内外洗净，吸去水渍。
2 两面刷上橄榄油，均匀撒上辣椒粉、黑胡椒、海盐，稍稍
   按摩鱼身。
3 烤箱预热，中层放入秋刀鱼，200℃烤 3 分钟。
4 将其翻面续烤 3 分钟。
5 取出后挤少许柠檬汁即可。

02 鲑鱼芝麻茶泡饭

原料

鲑鱼肉 100 克，米饭 150 克，
海苔 10 克，芝麻适量，玄米
茶 1 小包，葱丝、柴鱼高汤各
适量

调料

盐适量

制作步骤

1 玄米茶倒入水壶内，注清水、柴鱼高汤烧开，制成茶汤。
2 鲑鱼两面撒上盐，腌渍片刻。
3 热锅注油烧热，放入鱼肉，用中火两面煎至转色。
4 鱼肉取出，装入碗中，用勺子压碎。
5 海苔片用剪刀剪成细条。
6 米饭装入碗中，倒入茶汤，再将鱼肉摆在饭上，撒上海苔
   即可。

02 土豆蔬菜沙拉

鲑鱼烘蛋
套餐

2 人份

01 鲑鱼烘蛋卷

01 鲑鱼烘蛋卷

原料

鲑鱼肉 40 克，鸡蛋 3 个

调料

盐适量，番茄酱少许

制作步骤

1 鲑鱼肉切成小块。

2 鸡蛋打入碗中，加入少许盐，搅拌匀。

3 热锅注油烧热，倒入蛋液，底部煎至半凝固。

4 放入鲑鱼肉，用蛋皮包卷住鱼肉。

5 关火，盖上锅盖，焖 2 分钟。

6 煎好的蛋卷装入碗中，挤上少许番茄酱装饰即可。

02 土豆蔬菜沙拉

原料

土豆 200 克，鸡蛋 80 克，
黄瓜少许

调料

沙拉酱适量

制作步骤

1 洗净的土豆蒸熟。

2 鸡蛋放入沸水锅中，煮熟后取出，放入冷水中浸泡。

3 将鸡蛋捞出，去壳，切成小丁。

4 蒸熟的土豆去皮压成土豆泥。

5 洗净的黄瓜切成小丁，装入碗中。

6 再加入土豆泥、鸡蛋、黄瓜、沙拉酱，搅匀即可。

01 包菜蛋饼

包菜蛋饼
早餐

2人份

03 醋味萝卜丝

02 玉米杂粮饭

01 包菜蛋饼

原料

包菜1个，鸡蛋4个，高汤
5毫升

调料

盐、食用油各适量

制作步骤

1 包菜切成小块，装入碗中，加入少许盐，拌匀。

2 鸡蛋打入碗中，加入高汤，搅拌匀。

3 煎锅注油烧热，倒入包菜，炒软。

4 将包菜均匀铺在锅底，均匀地倒入蛋液。

5 待底部定型，盖上锅盖，将鸡蛋焖熟即可。

02 玉米杂粮饭

 原料

玉米粒30克，
黑米、大米各40克

制作步骤

1 黑米、大米洗净泡发。

2 电饭锅注水，放入玉米粒、黑米、大米，拌匀。

3 选定煮饭键，将杂粮米饭焖熟即可。

03 醋味萝卜丝

 原料

白萝卜200克

调料

醋、盐、白糖、芝麻油各适量

制作步骤

1 白萝卜去皮，切成粗丝。

2 白萝卜丝装入碗中，加入少许盐，拌匀腌软。

3 腌好的白萝卜挤去多余的汁水，装入碗中。

4 加入醋、白糖、芝麻油，搅拌均匀即可。

01 日式炖菜

冬笋 150 克，胡萝卜 100 克，
莲藕 120 克，芋头 150 克，
荷兰豆 80 克，蘑菇 50 克，
柴鱼高汤适量

味淋、清酒各 15 毫升，白糖
10 克，盐 3 克，日式酱油 20
毫升，食用油适量

制作步骤

1. 冬笋、胡萝卜、莲藕、芋头处理好，切滚刀块。
2. 热锅注水烧开，加入食用油、盐，放入荷兰豆，汆煮后捞出。
3. 再加入冬笋、胡萝卜、莲藕、芋头、蘑菇，汆去涩味，捞出待用。
4. 热锅注油，将荷兰豆以外的蔬菜倒入搅匀。
5. 倒入柴鱼高汤，大火煮沸，再加味淋、清酒。
6. 加糖，煮一下后尝尝咸淡，加适量日式酱油，盖上盖。
7. 中火将蔬菜煮至熟，加入荷兰豆，搅拌片刻。
8. 再转大火收汁即可。

02 蜜糖吐司

吐司 2 片

蜂蜜少许

制作步骤

1. 吐司上均匀地刷上蜂蜜。
2. 放入烤箱，180℃烤 5 分钟。
3. 取出即可。

02 蛋卷饭团

姜汁烧肉配
蛋卷饭团

2 人份

01 姜汁烧肉

03 烤芝麻蔬菜沙拉

01 姜汁烧肉

原料

猪肉薄片 300 克，生姜泥少许

调料

生抽 8 毫升，料酒 6 毫升，
白糖 4 克，陈醋 3 毫升，
食用油适量

制作步骤

1 热锅注油烧热，放入猪肉薄片，翻炒至转色。
2 倒入生抽、料酒、白糖、陈醋，快速翻炒均匀。
3 加入备好的生姜泥，快速翻炒收汁即可。

02 蛋卷饭团

原料

米饭 200 克，鸡蛋 80 克，
海苔碎适量

调料

盐 2 克，食用油适量

制作步骤

1 米饭装入碗中，加入海苔碎，搅拌匀。
2 将米饭逐一捏成大小一致的饭团。
3 鸡蛋打入碗中，加入少许盐，拌匀。
4 煎锅注油烧热，倒入少许蛋液，摊成蛋皮。
5 待蛋液半熟，放入饭团，用筷子将蛋皮包裹饭团即可。

03 烤芝麻蔬菜沙拉

原料

生菜、洋葱各 60 克，
烤芝麻沙拉酱少许

制作步骤

1 洗净的洋葱、生菜切成丝。
2 将切好的蔬菜装入碗中。
3 浇上烤芝麻沙拉酱，拌匀即可。

包菜包肉
早餐

2 人份

02 虾油拌萝卜泥

01 包菜包肉

01 包菜包肉

原料

包菜 40 克，洋葱末 40 克，
猪绞肉 100 克，鸡蛋 40 克，
面包粉 30 克，牛奶 30 毫升，
香芹菜碎少许，柴鱼高汤适量

调料

盐 4 克，胡椒粉 3 克，清酒
15 毫升，生抽 10 毫升

制作步骤

1 将包菜叶放入热水中稍煮一下，用漏勺捞起。
2 往大碗中放入猪绞肉、洋葱末、面包粉、鸡蛋、牛奶。
3 再加入盐、胡椒粉，搅拌匀做成肉馅。
4 将煮好的包菜铺开，肉馅分成八等份，再分别用包菜包住。
5 将包好的包菜肉卷并排紧密地摆放入平底锅中，加入高汤，用中火炖煮。
6 待汤汁沸腾后再用小火炖煮 15 分钟左右，再稍微炖煮一会。
7 将煮好的包菜肉卷装盘，再撒上切好的香芹菜碎。

02 虾油拌萝卜泥

原料

大虾 50 克，白萝卜 100 克，
姜片 20 克

调料

盐 4 克，食用油、料酒各适量

制作步骤

1 洗净的大虾剥壳，虾仁切成小丁，虾壳、虾头备用。
2 白萝卜去皮，用研磨器将其磨成泥，堆叠在碗中。
3 热锅注油烧热，放入姜片，将其煎透。
4 倒入虾壳和虾头，淋入料酒，翻炒匀，至虾壳成金红色。
5 将锅内的食材捞出，放入虾肉，翻炒片刻。
6 加入盐，炒匀，将炒好的虾肉与虾油淋在萝卜泥上即可。

杂粮养生
早餐

2 人份

01 杂粮饭团

02 蚝油生菜

01 杂粮饭团

原料

黑米、大米各 50 克

制作步骤

1 黑米、大米洗净泡发。

2 电饭锅注水，放入黑米、大米，拌匀。

3 选定煮饭键，将杂粮米饭焖熟。

4 盛出米饭，将其搅拌散热至松散。

5 手上沾凉开水，取适量米饭，将其捏制成饭团即可。

02 蚝油生菜

原料

生菜 150 克，
蒜、葱各适量

调料

生抽 10 毫升，蚝油 8 克，
淀粉 3 克，食用油适量

制作步骤

1 生菜择洗干净；蒜拍碎切成粒；葱切成葱花。

2 锅中注水烧开，将生菜在开水中焯至断生，捞出。

3 取一个小碗，加入生抽、蚝油、淀粉，再加一点水，拌匀，
制成蚝油汁。

4 锅中入油炸香蒜粒、葱花，加入蚝油汁熬 3 分钟左右。

5 把熬好的汁倒入焯好的生菜上，搅拌均匀即可。

美味的烘蛋
与茄汁饭团

2 人份

02 茄汁饭团

01 原味烘蛋

01 原味烘蛋

 原料

鸡蛋 3 个，牛奶 15 毫升

 调料

橄榄油、番茄酱各少许

制作步骤

1 鸡蛋敲入碗中，倒入牛奶，用打蛋器打成蛋液。
2 煎锅内倒入橄榄油烧热，倒入蛋液，翻炒至拌凝固状。
3 用锅铲将鸡蛋对叠，转小火将两面煎上色。
4 盛出烘蛋，装入盘子，挤上番茄酱装饰即可。

02 茄汁饭团

 原料

西红柿 300 克，米饭 200 克，高汤、海苔各少许

 调料

盐、芝麻油、橄榄油各少许

制作步骤

1 西红柿去皮，切成小块。
2 锅中倒入橄榄油烧热，倒入西红柿，翻炒至半糊状。
3 放入高汤、盐，翻炒至酱状，关火，淋入芝麻油，拌匀。
4 将备好的米饭倒入番茄酱内，搅拌至米饭将茄汁吸收。
5 待米饭冷却将其捏成饭团，再粘上海苔即可。

01 鹰嘴豆泥

鹰嘴豆泥
与芝士沙拉

2 人份

02 芝士沙拉

01 鹰嘴豆泥

原料

鹰嘴豆 200 克，酸奶 40 克，柠檬汁、大蒜、香菜各少许

调料

芝麻酱 10 克，盐 3 克，黑胡椒、橄榄油各适量

制作步骤

1. 将酸奶、鹰嘴豆、柠檬汁、大蒜、盐放入搅拌机，搅拌 1~2 分钟。
2. 搅拌均匀后加入芝麻酱。
3. 同时将香菜切碎。
4. 用刮刀将豆泥盛到盘子中。
5. 为美观起见，顺时针涂抹，形成漩涡状纹路。
6. 表面撒上黑胡椒、香菜碎，最后缓缓浇上橄榄油。

02 芝士沙拉

原料

苦菊 200 克，水煮蛋 1 个，奶油芝士 40 克，红生菜少许

调料

盐、黑胡椒各少许

制作步骤

1. 洗净的苦菊、红生菜撕成小片。
2. 奶油芝士切成小块。
3. 水煮蛋去壳，切成块。
4. 将切好的食材装入盘中。
5. 食用时撒上盐、黑胡椒调味即可。

炖土豆面团
与蔬菜杂烩

2 人份

02 蔬菜杂烩

01 炖土豆面团

01 炖土豆面团

原料

土豆 300 克，面粉 130 克，西红柿泥 200 克，白洋葱碎 30 克，大蒜 10 克，鳀鱼、罗勒叶、帕玛氏芝士各适量

调料

盐 4 克，黑胡椒 3 克，橄榄油适量

制作步骤

1 洗净去皮的土豆蒸熟，碾压成土豆泥。
2 将面粉加入土豆泥内，加入少许橄榄油，揉成光滑的面团。
3 面团搓成条，逐一弄成一个个小圆球。
4 锅中注水烧开，放入少许盐，加入面团，煮 4 分钟至浮起。
5 面团子捞起，装入碗中，淋入橄榄油，搅拌片刻。
6 热锅注油烧热，放入洋葱碎、鳀鱼、大蒜，翻炒出香味。
7 倒入西红柿泥，煮至浓稠，加入土豆团子，搅拌匀。
8 加盐、黑胡椒、罗勒叶，翻炒调味，盛出装入盘子，撒上帕玛氏芝士，淋上橄榄油即可。

02 蔬菜杂烩

原料

茄子 40 克，西葫芦 40 克，西红柿 40 克，青椒 40 克，洋葱 40 克，罗勒叶少许

调料

黑醋、蜂蜜各少许

制作步骤

1 洗净的茄子、西葫芦、西红柿、青椒、洋葱切成薄片。
2 一片一片叠加在烤盘上，盖上锡纸。
3 放在烤箱里 180℃烤 40 分钟。
4 黑醋、罗勒叶、蜂蜜倒入小碗中，搅拌匀。
5 烤好的蔬菜取出，浇上醋汁即可。

果汁豆浆，
美味健康

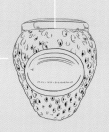

经过一晚上的睡眠，
身体会处于一个干渴状态
一杯豆浆或果蔬汁
不仅能快速补充身体所需的水分
也能快速补充身体所需的营养素

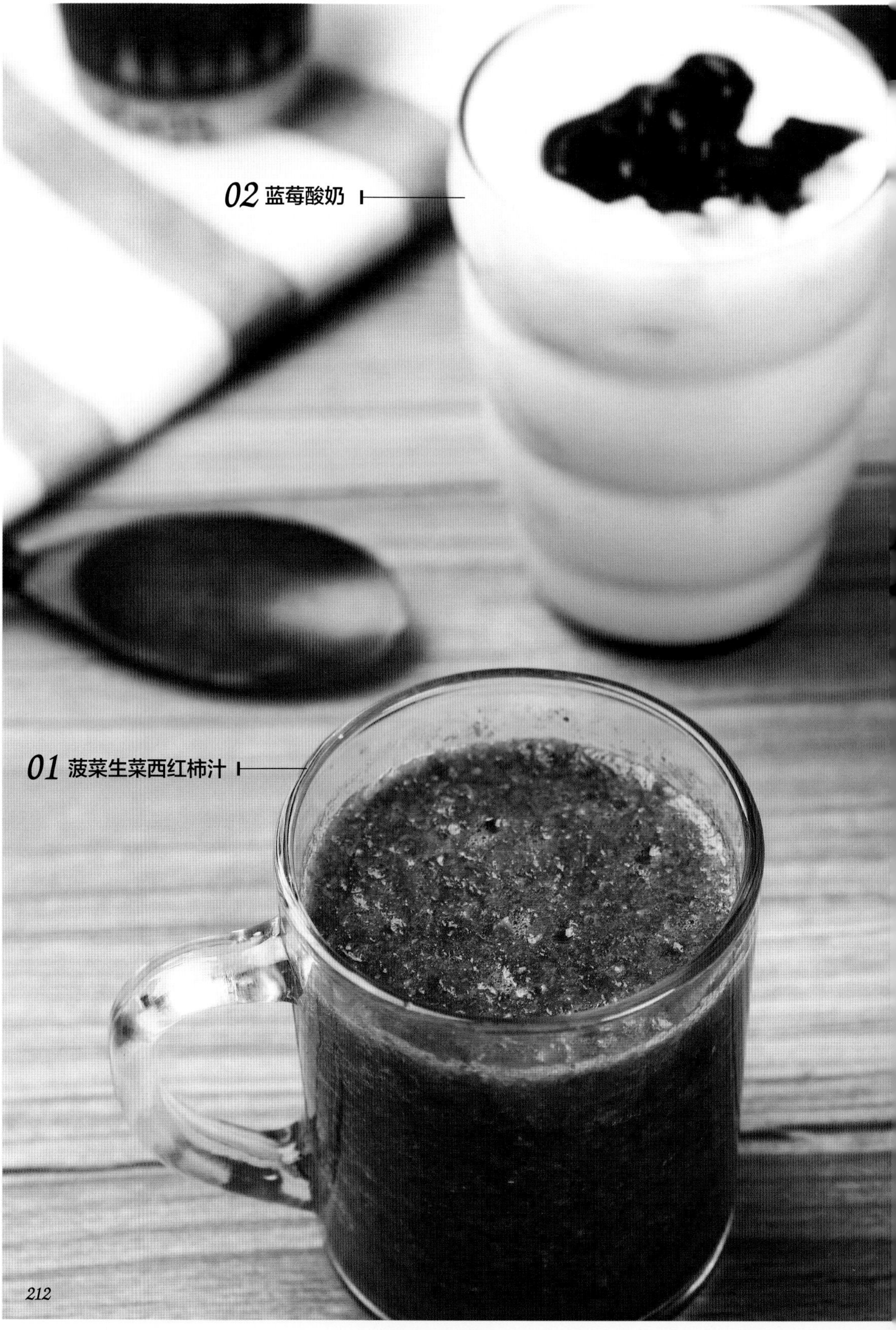
02 蓝莓酸奶
01 菠菜生菜西红柿汁

01 菠菜生菜西红柿汁 3人份

原料

菠菜 100 克，生菜 50 克，西红柿 50 克

调料

蜂蜜适量

制作步骤

1 西红柿洗净，放入开水中浸泡 5 分钟，捞出浸入冷水中，再将其捞出，剥去外皮切成小块。
2 菠菜、生菜洗净，切成细丝。
3 将切好的食材倒入榨汁机，启动机子将食材榨汁。
4 将榨好的蔬菜汁倒入杯中，淋上蜂蜜，拌匀即可。

02 蓝莓酸奶 3人份

原料

蓝莓果酱 8 克，牛奶 300 毫升，冰糖 20 克，老酸奶 50 克

制作步骤

1 牛奶倒入锅中，加入冰糖，小火煮开至冰糖融化。
2 待牛奶冷却，倒入备好的酸奶，搅拌均匀。
3 将牛奶密封入容器，在阴凉处放置一晚上。
4 食用时盛出，淋上少许蓝莓果酱即可。

01 西瓜草莓汁

02 香蕉牛油果奶昔

03 芒果汽水

01 西瓜草莓汁 3人份

原料

去皮西瓜 150 克，草莓 50 克，
柠檬半个

制作步骤

1 西瓜切块。
2 洗净的草莓去蒂，切块，待用。
3 将西瓜块和草莓块倒入榨汁机中。
4 挤入柠檬汁。
5 注入 100 毫升凉开水。
6 盖上盖，启动榨汁机，榨约 15 秒成果汁。
7 断电后将果汁倒入杯中即可。

02 香蕉牛油果奶昔 3人份

原料

香蕉 1 根，牛奶 500 毫升，
牛油果半个

制作步骤

1 将香蕉去皮切小块。
2 牛油果去核切小块。
3 所有原料一起放进料理机打成奶昔即可。

03 芒果汽水 3人份

原料

小苏打 1.5 克，芒果浓缩液
40 毫升

制作步骤

1 准备小苏打，放入带盖的塑料瓶内，盖上盖子上下摇晃使
   之产生气泡。
2 在准备好的杯子中倒入芒果浓缩液备用，40 毫升是正常的
   一人量。
3 将制作好的汽水慢慢倒入盛有芒果浓缩液的杯子中。

01 热蜂蜜柠檬水

02 蜂蜜木薯汁

01 热蜂蜜柠檬水 3人份

原料

青柠 1 个

调料

蜂蜜适量

制作步骤

1 洗净的青柠切成小瓣。

2 青柠放入蜂蜜中浸泡 30 分钟。

3 浸泡好的柠檬装入杯中,冲入开水即可。

02 蜂蜜木薯汁 3人份

原料

木薯 200 克

调料

蜂蜜适量

制作步骤

1 木薯洗净去皮切片。

2 将切好的木薯放到搅拌机里,加入 500 毫升矿泉水和蜂蜜。

3 再加几块冰块,插上电源搅拌 2~3 分钟即可。

4 将搅拌好的蔬果汁过滤一下。

5 过滤后放入冰箱冷藏 2 小时后味道更佳。

03 养生纤维奶昔

02 蜂蜜生姜汁 ┣

01 酸甜蔬菜汁 ┣

01 酸甜蔬菜汁 `3人份`

原料

南瓜 100 克，黄瓜 50 克

调料

蜂蜜适量

制作步骤

1 南瓜、黄瓜切成小块。

2 将切好的蔬菜放到搅拌机里，加入 500 毫升矿泉水和蜂蜜。

3 插上电源搅拌 2~3 分钟。

4 将搅拌好的蔬果汁过滤一下。

5 过滤后放入冰箱冷藏 2 小时味道更佳。

02 蜂蜜生姜汁 `3人份`

原料

生姜 15 克，迷迭香适量

调料

蜂蜜适量

制作步骤

1 生姜去皮切成片。

2 把姜片、迷迭香放入玻璃杯里。

3 注入滚烫的热开水。

4 加入蜂蜜，拌匀后饮用。

03 养生纤维奶昔 `3人份`

原料

鲜奶 100 毫升，芦笋 30 克，
淡奶油适量

制作步骤

1 芦笋削去皮，切成小段。

2 切好的芦笋装入碗中，加入鲜奶、淡奶油。

3 用搅拌棒将食材全部搅成末状，打出丰富的泡沫即可。

01 姜汁豆浆

02 高钙豆浆

01 姜汁豆浆 3人份

 原料

生姜片 25 克，水发黄豆 60 克

 调料

白糖适量

制作步骤

1 将已浸泡 8 小时的黄豆倒入碗中。
2 浸泡好的黄豆倒入豆浆机内，启动机器将黄豆焖成豆浆。
3 煮好的豆浆滤入锅中。
4 将生姜片也倒入锅内，用小火将生姜的味道煮入豆浆内。
5 待稍微放凉后即可饮用。

02 高钙豆浆 3人份

 原料

牛奶 40 毫升，黄豆 50 克

 调料

白糖适量

制作步骤

1 将已浸泡 8 小时的黄豆倒入碗中。
2 泡好的黄豆倒入豆浆机内，启动机器将黄豆焖成豆浆。
3 将煮好的豆浆滤出放凉片刻。
4 将备好的牛奶冲入豆浆内，加入白糖，搅拌匀即可。

01 核桃豆浆

02 奶香热可可

01 核桃豆浆 3人份

（原料）

核桃 40 克，黄豆 50 克

（调料）

白糖适量

制作步骤

1 将已浸泡 8 小时的黄豆倒入碗中。
2 浸泡好的黄豆倒入豆浆机内，启动机器将黄豆焖成豆浆。
3 将煮好的豆浆滤入锅中，加入白糖，小火加热。
4 核桃干锅翻炒后盛出捣碎，倒入豆浆内略煮片刻即可。

02 奶香热可可 3人份

（原料）

可可粉 30 克，淡奶油 30 克，
牛奶 300 毫升

（调料）

白糖适量

制作步骤

1 淡奶油、牛奶倒入奶锅中小火加热。
2 煮至表面冒烟，放入可可粉，充分拌匀。
3 再放入白糖，搅拌至充分融化即可。

01 红薯芝麻豆浆 ├────

02 南瓜豆浆 ├────

01 红薯芝麻豆浆 `3人份`

原料

红薯 100 克，黄豆 50 克，芝麻 5 克

制作步骤

1 红薯去皮切成小块，待用。

2 将已浸泡 8 小时的黄豆倒入碗中。

3 浸泡好的黄豆倒入豆浆机内，启动机器将黄豆焖成豆浆。

4 将煮好的豆浆滤入锅中，倒入红薯、芝麻，小火加热。

5 将红薯煮成糊状即可。

02 南瓜豆浆 `3人份`

原料

南瓜 80 克，黄豆 50 克

制作步骤

1 南瓜去皮、去籽，切成小块。

2 将已浸泡 8 小时的黄豆倒入碗中。

3 浸泡好的黄豆倒入豆浆机内，启动机器将黄豆焖成豆浆。

4 煮好的豆浆滤入锅中，倒入南瓜，小火加热。

5 将南瓜充分煮成糊状即可。

02 玉米豆浆

01 黑黑豆浆

01 黑黑豆浆 `3人份`

（原料）

黑豆 50 克，黑芝麻 10 克

制作步骤

1 将已浸泡 8 小时的黑豆倒入碗中。
2 浸泡好的黑豆倒入豆浆机内，再加入黑芝麻。
3 启动机器将其制成豆浆。
4 将煮好的豆浆滤入杯中即可。

02 玉米豆浆 `3人份`

（原料）

玉米粒 40 克，黄豆 50 克

制作步骤

1 将已浸泡 8 小时的黄豆倒入碗中。
2 浸泡好的黄豆倒入豆浆机内，启动机器将黄豆焖成豆浆。
3 煮好的豆浆滤入锅中，倒入玉米粒，将玉米煮熟。
4 再用搅拌棒将玉米粒打碎即可。

01 果香奶昔 3人份

原料

淡奶油 30 克，牛奶 150 毫升，蓝莓 40 克

调料

白糖少许

制作步骤

1 蓝莓洗净装入大碗中，倒入牛奶、淡奶油。

2 用搅拌棒将蓝莓充分搅碎并打成细腻的泡沫。

3 加入备好的白糖，充分搅拌至融化即可。

02 咸香豆浆 3人份

原料

黄豆 50 克

调料

盐适量

制作步骤

1 将已浸泡 8 小时的黄豆倒入碗中。

2 浸泡好的黄豆倒入豆浆机内，启动机器将黄豆焖成豆浆。

3 煮好的豆浆滤入锅中，加入少许盐拌匀即可。